Werner David

Lebensraum Totholz

Gedruckt auf
100% Recyclingpapier

Werner David

Lebensraum Totholz

Gestaltung und Naturschutz im Garten

illustriert von Margret Schneevoigt

pala verlag

Inhalt

Totholz lebt!

Als Totholz wird stehendes oder liegendes abgestorbenes Holz bezeichnet. Das können ein einzelner Ast, ein abgestorbener Baum oder alle Übergänge dazwischen sein. Wer sich mit diesem Thema auseinandersetzt, wird irgendwann feststellen, wie paradox der Begriff »Totholz« im Grunde ist, und das gleich in zweifacher Hinsicht. Denn auch »lebendes« Holz besteht zu einem Großteil aus bereits abgestorbenen, also toten Zellen. Nach dem Absterben des Holzes beginnt eine Besiedelung mit Tausenden von verschiedenen Arten, die sich zum Beispiel bei der Eiche über Jahrhunderte hinziehen kann. So betrachtet, ist lebendes Holz deutlich »töter« als Totholz!

Mit Milben und Bärtierchen dicht besiedelte Moospolster und bizarre Bartflechten verwandeln einen abgestorbenen Baum in ein märchenhaftes Wesen. Jeder Zentimeter des Holzes wird nach und nach von hauchfeinen Pilzhyphen durchwuchert, die trotz ihrer Zartheit von den feinen Stechrüsseln der Rindenwanzen besaugt werden. Eine Erzwespe befreit sich mühsam aus der leergefressenen Hülle eines Borkenkäfers, um sofort von einer Springspinne erbeutet zu werden, die wiederum einem hungrigen Kleiber ins Auge sticht. Die Larve der Riesenholzwespe weidet unermüdlich den Pilzrasen in ihren Fraßgängen ab, mit dessen Sporen das Holz bei der Eiablage vom Weibchen angeimpft wurde. Drei Zentimeter über ihr ist die Holzschlupfwespe dabei, ihren Legestachel zielsicher durch das massive Holz zu treiben, um ihr Ei in der ahnungslosen Riesenholzwespenlarve abzulegen. In kleinen, wassergefüllten Mulmhöhlen filtrieren Schwebfliegenlarven Bakterien und Pilze. Mehr als 1 400 Käferarten und ihre Larven besiedeln jede nur denkbare ökologische Nische im Holz. Zahlreiche Mücken- und Fliegenlarven leben als Müllabfuhr von Kot und Mulm in den Fraßgängen anderer Insekten. Wildbienen legen ihre mit Nektar und Blütenstaub gefüllten Brutzellen in verlassenen Käferfraßgängen an, wo sie von Goldwespen oder Buntkäfern parasitiert werden. Die Rossameise nagt mit ihren kräftigen Kiefern ihr bis zu zehn Meter hohes Nestsystem in das Holz und löst damit begeisterte Besuche des Schwarzspechts aus. Spechthöhlen beherbergen – abgesehen von ihren ursprünglichen Besitzern – eine Reihe von Höhlenbrütern wie Meisen, Sperlinge, Kleiber, Blauracken, Dohlen, Stare und Hohltauben. Sperlingskauz, Steinkauz, Raufußkauz und Fledermäuse starten von dort ihre Beutezüge. Bilche, Baummarder und Mäuse suchen dort Unterschlupf. Unter in Stammhöhlen erbauten Hornissennestern entstehen nährstoffreiche Abfallhaufen aus Beuteresten, Kot, abgestorbenen Larven, Puppen und Insekten. Dort haben sich Spezialisten wie der Hornissenkäfer angesiedelt. Auch die Larven bestimmter Fliegenarten durchleben dort ihre Entwicklungszyklen, vorausgesetzt, sie werden nicht von Kurzflügelkäferlarven parasitiert. Mulmhöhlen in alten Eichen beherbergen jahrhundertelang die Créme de la Créme unter den Totholzbewohnern.

Wohin man auch blickt, überall stößt man auf eine schier grenzenlose Artenfülle. Totholz ist Leben pur, Leben in überschäumender Fülle. Wenn man allen beteiligten Lebewesen einen Klang zuteilen könnte, würde aus jedem Stamm eine ganz individuelle, tosende Symphonie erklingen. Totholz ist eine Welt der Wunder, die von der Wissenschaft erst in Ansätzen erforscht wurde. Dieses Buch möchte wenigstens einen kleinen Einblick in diesen faszinierenden Lebensraum geben und damit die Neugierde des Lesers wecken, sich weiter mit diesem fesselnden Thema zu befassen.

Was ist Totholz?

Urwälder und Wirtschaftswälder

Am Ende der letzten Eiszeit vor etwa 12 000 Jahren waren alle vormals in Deutschland einheimischen Baumarten in klimatisch begünstigte Rückzugsareale, vor allem in den Mittelmeerraum, verdrängt worden. Die Erde war hierzulande wüst und leer, wenigstens, was die Bäume anging. Moose, Flechten, Stauden und Kleinsträucher prägten das Bild einer typischen baumlosen Tundra. Mit zunehmender Erwärmung wanderten die Baumarten nach und nach in ihre ursprünglichen Areale zurück, unsere typischen sommergrünen Laubwälder entstanden. Bei diesem »Pendelverkehr« während der verschiedenen Eiszeiten und Zwischeneiszeiten blieben viele Arten auf der Strecke, die Flora verarmte.

Die natürlicherweise dominierende Baumart in Mitteleuropa war die Rotbuche *(Fagus sylvatica)*, die in Form von Buchen- oder Buchenmischwäldern einen Großteil der Flächen bedeckte. Buchenwälder gedeihen sowohl auf Kalkböden als auch auf sauren Böden (Granit, Gneis, quarzreiche Sandsteine). Auf Kalkböden entwickelt sich eine sehr artenreiche, vielfältige Kraut- und Strauchschicht, auf sauren Böden ist der Unterwuchs dagegen artenärmer. Begleitet wird die Buche oft von Stieleiche *(Quercus robur)* und Traubeneiche *(Quercus petraea)*. Vor allem an feuchten und kalten Standorten ist der Anteil an Eichen höher, oft ist die Hainbuche *(Carpinus betulus)* in Form von Eichen-Hainbuchen-Wäldern mit der Eiche vergesellschaftet. In mittleren Höhenlagen kommt auch die Weiß-Tanne *(Abies alba)* vor, Buchen-Tannen-Wälder und reine Tannenwälder sind typisch für den Schwarzwald, den Böhmerwald und die Schweizer Alpen.

Die heute in der Forstwirtschaft so weit verbreitete Gewöhnliche Fichte *(Picea abies)* war früher auf die Höhenlagen der Gebirge beschränkt. Extrem feuchte Standorte sind durch Erle *(Alnus)* und Birke *(Betula)* gekennzeichnet. Ausgedehnte Kiefernwälder *(Pinus)* finden sich auf den nährstoffarmen Sandböden im nordöstlichen Mitteleuropa.

Nach Schätzungen von Wissenschaftlern (Bundesamt für Naturschutz) hatten Buchen- und Buchenmischwälder hierzulande ab dem Ende der letzten großen Eiszeit einen Anteil von 66 Prozent an der natürlichen Vegetation, Eichen- und Eichenmischwälder einen Anteil von 22 Prozent, Auen und feuchte Niederungswälder einen Anteil von 10 Prozent, der Anteil der Nadelbäume lag lediglich bei einem Prozent. Heute bilden nur noch vier Baumarten größere Bestände in Mitteleuropa: die Rotbuche *(Fagus sylvatica)*, die Eiche *(Quercus)*, die Fichte *(Picea abies)* und die Kiefer *(Pinus)*.

Die prozentuale Verteilung hat sich allerdings geändert (Beispiel Deutschland): 14 Prozent Buchen, 8,6 Prozent Eichen, 11,3 Prozent sonstige Laubbäume, 32,5 Prozent Fichten, 27,7 Prozent Kiefern, 1,6 Prozent Tannen und 4,3 Prozent sonstige Nadelbäume wie Europäische Lärche und Douglasie. Damit liegt der Anteil der in der Regel standortfremd und in Monokulturen gepflanzten Nadelbäume bei erschreckenden 66 Prozent! Glücklicherweise zeichnet sich inzwischen langsam eine Entwicklung zu standortgerechten Mischwäldern ab.

Ein Wald entsteht

Jeder Wald durchläuft einen zyklischen Entwicklungsprozess aus Verjüngungs-, Aufbau- oder Dickungs-, Optimal-, Alterungs- und Zerfallsphase.

Die *Verjüngungsphase* ist durch zahllose Keimlinge, Sämlinge und Jungpflanzen gekennzeichnet, die mit zunehmendem Wachstum in einen immer heftigeren Wettstreit um Licht, Nährstoffe und Wasser treten. In der *Dickungsphase* bildet sich ein geschlossener Bestand, die Äste der einzelnen Bäume überlappen sich und bilden erstmals ein flächendeckendes Kronendach. Durch Konkurrenz innerhalb einer Art und zwischen den verschiedenen Arten nimmt die Anzahl der Individuen nach und nach drastisch ab. In der *Optimalphase* können die wenigen verbliebenen Exemplare bis zu ihrer artbedingten Endgröße heranwachsen. In der langen *Alterungsphase* beginnen erste Bäume abzusterben, in der *Zerfallsphase* verbleiben nur noch wenige gesunde Bäume, im Unterholz setzt bereits wieder die Verjüngungsphase ein. Diese Abfolge bezeichnet man auch als den »Kleinen Phasenzyklus«.

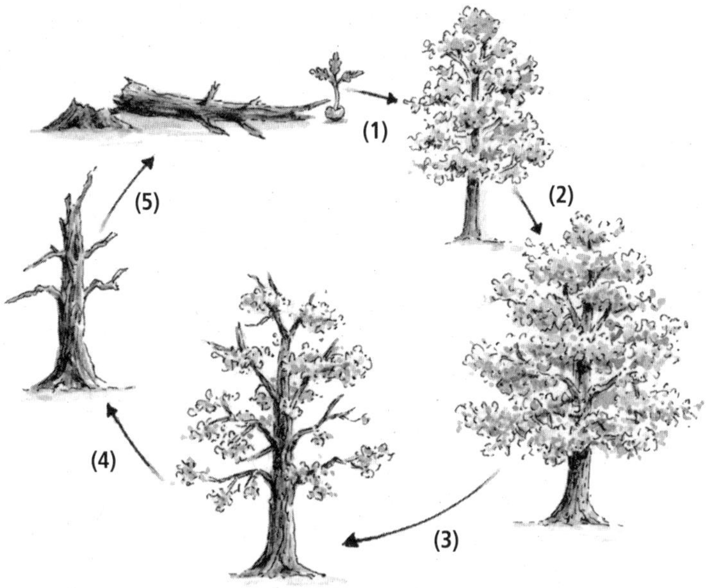

Waldzyklus am Beispiel einer Eiche: Ohne Totholz würde eine wichtige Komponente im jahrhundertelangen Zyklus eines Waldes fehlen. Wird ein Wald sich selbst überlassen, durchläuft er einen zyklischen Entwicklungsprozess: (1) Verjüngungs-, (2) Dickungs-, (3) Optimal-, (4) Alterungs- und (5) Zerfallsphase.

Im Gegensatz zur klassischen Forstwirtschaft liegen diese einzelnen Stadien in einem Urwald nicht in »Reinbeständen« vor, sondern als ein flickenteppichartiges, kleinflächiges Mosaik. Dadurch entsteht auf engem Raum eine enorme Strukturvielfalt. Jeder Baum durchlebt seinen vollen Lebenszyklus vom Keimling bis zur morschen Baumruine. Am Ende ihrer Entwicklung hat eine dreihundertjährige Rotbuche oder eine achthundertjährige Stieleiche einen beeindruckenden Stammdurchmesser aufgebaut, bereits am lebenden Baum beginnt der Holzabbau in kleineren, abgestorbenen Teilbereichen. In der Alterungs- und Zerfallsphase eines Urwalds kann der Totholzanteil bis zu 40 Prozent der kompletten Holzmenge betragen. Die klassischen Holzbewohner (Xylobionten; gr. *xylos:* Holz, gr. *bios:* Leben), darunter etwa 1 500 Pilzarten und 1 400 Käferarten, konnten immer auf Totholz in den verschiedensten Abbaustadien zurückgreifen, ein kontinuierlicher Nachschub war über Jahrtausende gesichert. Kleinflächig wirksame Ereignisse wie Blitzschlag, Schneebruch und Eisbruch schufen Lücken in den Baumkronen und vergrößerten die strukturelle Vielfalt. Waldbrände, Lawinen und Stürme schlugen immer wieder ausgedehnte Lichtungen in geschlossene Waldflächen, die für wärmebedürftige Tier- und Pflanzenarten überlebenswichtig waren.

Dieser sogenannte »Große Phasenzyklus« führt zwar zum gleichen Ergebnis wie der »Kleine Phasenzyklus«, der Weg ist allerdings etwas anders: Zunächst siedeln sich auf den freien Flächen Pioniergehölzarten wie die Birke an, die langfristig wieder durch die ursprünglichen »Schlusswaldbaumarten« abgelöst werden. Der Bewuchs mit lichtliebenden »Schlagflora«-Arten wie Weidenröschen *(Epilobium)*, Himbeere *(Rubus idaeus)* oder Holunder *(Sambucus)* kann die Waldentwicklung zwar verzögern, letztendlich aber nie verhindern. Typische Stadien des »Großen Phasenzyklus« sind die Pioniergehölze, der »Vorwald«, der »Zwischenwald« und schließlich wieder der »Schlusswald« mit ihren standorttypischen Artenzusammensetzungen.

Besonders erschwerend für die Waldverjüngung ist der flächendeckende Bewuchs mit Brombeere *(Rubus sectio Rubus)* und bestimmten Gräsern wie Rasen-Schmiele *(Deschampsia cespitosa)* oder Land-Reitgras *(Calamagrostis epigejos)*. In diesem Fall können sich Baumkeimlinge fast nur auf liegendem, vermoderndem Totholz entwickeln (Rannenverjüngung, siehe auch Seite 29). Das liegende Totholz bietet somit günstige Bedingungen für eine großflächige Waldverjüngung.

Der natürliche Buchenwald war an seinen Standort optimal angepasst und wenig anfällig, es kam zu keinen eskalierenden Massenbefällen mit »Schädlingen«. Selbst die Reinkulturen der Buche waren altersmäßig gestaffelt und heterogen, riesige Flächen mit gleichaltrigen Bäumen wie in der Forstwirtschaft existierten nicht. Alle Organismen waren durch ein mehrdimensionales, sich selbst regulierendes Beziehungsgeflecht miteinander verknüpft, selbst nach massiven Störereignissen stellte sich wieder ein Fließgleichgewicht ein. Als Bestandteil von Nahrungsketten und Mitglied des komplexen ökologischen Maschenwerks war jede Art am »richtigen« Platz, eine Trennung in »Nützling« und »Schädling« war absurd.

Die heutige Forstwirtschaft

Frühe Formen der Waldwirtschaft haben teilweise zum Erscheinungsbild unserer heutigen Wälder beigetragen. So wurden in der historischen Kulturlandschaft der Hute- oder Weidewälder Schweine, Rinder oder Pferde in den Wald getrieben, um sich dort von Eicheln, Bucheckern,

Megaherbivorentheorie

Eine andere Theorie zum Aussehen früherer Urwälder und zu ihrer Entstehung und Entwicklung ist die sogenannte Megaherbivorentheorie (gr. *mégas:* groß; lat. *herba:* Kraut; lat. *vorare:* verschlingen). Diese Theorie beschäftigt sich mit den möglichen Einflüssen großer Pflanzenfresser auf Vegetation und Landschaft. Laut dieser Theorie war Mitteleuropa ursprünglich von halboffenen Weidelandschaften und nicht von einer geschlossenen Waldfläche bedeckt. Pflanzenarten, die im geschlossenen Wald vorkommen, machen nur einen kleinen Teil der heutigen mitteleuropäischen Arten aus, ein Großteil der Arten benötigt offene oder halboffene Lebensräume und hätte sich daher in einem nahezu geschlossenen, flächendeckenden Waldsystem nur schwer entwickeln können. Dieser Sachverhalt spricht für die Megaherbivorentheorie.

Mitteleuropa wurde in den Zwischeneiszeiten von großen Pflanzenfressern besiedelt. Etliche der folgenden heute ausgestorbenen oder sich in nördliche Breiten zurückgezogenen Arten würde es ohne die Einflüsse des Menschen und ohne die klimatischen Änderungen während und zwischen den Eiszeiten vermutlich auch heute noch bei uns geben. Das sind zum Beispiel Waldtarpan, Elch, Auerochse oder Wisent, eventuell auch Europäischer Waldelefant, Waldnashorn, Riesenhirsch, Steppenwisent, Wildziege und Wildschaf.

Diese Arten gehörten hierzulande zur normalen einheimischen Tierwelt in den Zwischeneiszeiten. Nachweislich haben sie mehrere große Eiszeiten erfolgreich überlebt. Ihr Verschwinden oder ihr Rückzug aus Mitteleuropa nach der letzten großen Eiszeit wird auf die zunehmende Verbreitung von Homo sapiens sapiens in Europa zurückgeführt.

Weitere große Pflanzenfresser, die damals und auch heute noch in Mitteleuropa leben, sind zum Beispiel Wildschwein, Reh, Rothirsch, Gämse oder Alpensteinbock.

Laub und Baumtrieben zu ernähren. Dadurch entstanden offene, parkähnliche Landschaften mit frei stehenden alten Bäumen, die sich durch einen hohen Totholzanteil auszeichneten. In den Resten derartiger Hutewälder finden sich heute viele Rote-Liste-Arten unter den Holzbewohnern (Xylobionten).

Mit seiner Schrift »Sylvicultura oeconomica, oder haußwirthliche Nachricht und Naturmäßige Anweisung zur wilden Baum-Zucht« schuf Hans Carl von Carlowitz 1713 das erste umfassende Werk zur Forstwirtschaft. Das lange Zeit ausschließlich auf die produzierte Holzmenge eingeengte Bewirtschaftungskonzept führte zum naturfernen Erscheinungsbild unserer heutigen Wälder und warf bald gravierende Probleme auf.

Die aus Sicht der Holzbewohner überlebenswichtigen Alterungs- und Zerfallsphasen des Waldes mit ihren üppigen Totholzbeständen existieren nicht mehr. Standorttypische Waldgesellschaften werden ignoriert, teilweise werden nicht in Mitteleuropa einheimische Baumarten angepflanzt. Durch gezielte Auslese waldbaulich und ökonomisch erwünschter Merkmale steht nicht mehr die volle genetische Bandbreite der Bäume zur Verfügung. Die Umtriebszeit (die Zeit von der Pflanzung bis zur Fällung) liegt weit unter der natürlichen Lebenserwartung der Bäume, das für die Bildung der ökologisch so entscheidenden großen Baumhöhlen erforderliche Alter wird nicht mehr erreicht. Der Totholzanteil ist gering, natürliche Alterungsprozesse werden verhindert und die entsprechenden Bäume vorzeitig gefällt. Es besteht kein kontinuierliches Angebot an Totholz in verschiedenen Entwicklungsstadien, voluminöse, dicke Stämme fehlen in der Regel komplett.

Durch die »Entsorgung« von Totholz und die Holzernte werden dem Wald wertvolle Nährstoffe entzogen. Teilweise wird dieses Problem dann durch künstliche Düngung »gelöst«. Die strukturelle Vielfalt innerhalb des Waldes nimmt auf diese Weise drastisch ab. Monokulturen und Altersklassenbestände aus standortfremden Baumarten wie der Gewöhnlichen Fichte sind extrem anfällig für Stürme, Trockenheit und Luftverschmutzung. Eine artenreiche Kraut- und Strauchschicht kann nicht mehr entstehen, die Bodenstruktur verändert sich, der Wasserhaushalt wird gestört. Geschwächte und vorgeschädigte Bestände fallen häufig dem Buchdrucker *(Ips typographus)* zum Opfer. In der Presse unreflektiert wiedergegebene »Feindbilder« erschweren einen sachlichen Umgang mit dem Thema, Totholz weckt daher Ängste vor einer Armada von »Schädlingen«. Viele unserer Rotbuchenwälder verfügen lediglich über eine Totholzmenge von 15 Festmeter pro Hektar, in einem Urwald liegt dieser Wert bei 250 Festmeter pro Hektar. Um die vielfältigen Anforderungen der Holzbewohner an ihre Lebensräume zu erfüllen, wäre eine Mindestmenge von 100 Festmeter Totholz pro Hektar erstrebenswert.

Naturwaldreservate

Der Begriff »Naturwald« mag die naheliegende Frage aufwerfen: Gibt es denn auch »unnatürliche« Wälder? Wie lässt sich ein »Naturwald« definieren? Vereinfacht ausgedrückt, ist der Naturwald der Gegenpart zu unseren heutigen Wirtschaftswäldern. Entweder wurde er von Anfang an wenig oder gar nicht forstwirtschaftlich genutzt oder es wurden nach einem gewissen Zeitraum der Nutzung alle Eingriffe des Menschen eingestellt und der Wald wieder sich selbst überlassen.

Der Begriff »Naturwaldreservat« bezeichnet den rechtlichen Schutzstatus für die so ausgewiesenen Gebiete, die dadurch vor weiterer Nutzung durch den Menschen geschützt sind.

Verwirrend ist in dieser Hinsicht die Begriffsvielfalt in den einzelnen deutschen Bundesländern, in Österreich und der Schweiz: *Naturwald, Naturwaldzelle, Naturwaldparzelle, Naturwaldreservat, Totalreservat* oder *Bannwald* sind Synonyme für die gleiche Sache.

Erste solcher Reservate wurden unter österreichischer Obhut 1838 in Böhmen und Mähren eingerichtet. 1911 entstand in Baden-Württemberg das erste deutsche Banngebiet »Wilder See-Hornisgrinde«, 1914 gefolgt vom Schongebiet »Höllbachgspreng« in Bayern. In Deutschland gibt es 743 Naturwaldreservate mit einer Gesamtfläche von rund 35 628 Hektar (Stand 2020) und in Österreich etwa 200 Naturwaldreservate mit einer Gesamtfläche von rund 8 603 Hektar (Stand 2018). In der Schweiz beträgt der Anteil der Naturwaldreservate an der Gesamtwaldfläche etwa 3 Prozent, es gibt 1073 Reservate (mit Schweizerischem Nationalpark) mit einer Gesamtfläche von rund 46 199 Hektar (Stand Ende 2018).

Durch die Naturbelassenheit der Naturwaldreservate ist eine vernünftige wissenschaftliche Grundlagenforschung möglich. Denn nur ohne die ständige aktive Einflussnahme des Menschen können natürliche Entwicklungszyklen beobachtet und erforscht werden. Gerade der kontinuierliche Wandel ist mit ein entscheidendes Kriterium für Lebensprozesse. In bewirtschafteten Wäldern werden natürliche Prozesse verhindert oder zumindest stark beeinträchtigt, nur in Ausnahmefällen können Bäume ihre Lebenszyklen vollenden. Weitgehend unerforscht war bisher auch die Reaktion des Waldes auf natürliche Katastrophen wie die folgenschweren Stürme Wiebke (1990) und Lothar (1999). Auf den sich selbst überlassenen Windwurfflächen, die durch diese Stürme entstanden, konnte die natürliche Waldverjüngung in den letzten 25 Jahren in allen Einzelheiten dokumentiert und analysiert werden. Zusammenfassend könnte man das etwas boshafte Fazit ziehen: Für eine optimale Naturverjüngung hält sich der Mensch am besten möglichst fern vom Wald. Aus Sicht des Waldes handelt es sich bei einer solchen natürlichen Katastrophe also keineswegs um eine »Katastrophe«. Auch über die häufig noch unzulänglich bekannten Einflüsse von Klimaerwärmung und Luftverschmutzung lassen sich in Naturwaldreservaten wesentliche Erkenntnisse gewinnen. Sogar die Forstwissenschaft kann sich durchaus noch einige Kniffe vom Wald abschauen, wenn es um natürliche Verjüngungsprozesse geht.

Naturwaldreservate können als »Genbanken« dienen, sie sind Refugien für alle bedrohten Arten, die anderswo kaum noch ihre lebensnotwendigen biologischen Nischen finden. Im hessischen Naturwaldreservat »Niddahänge östlich Rudingshain«, ein Buchenwaldreservat auf Basalt im Vogelsberg, wurde bei einer Bestandsaufnahme in diesem vermeintlich »artenarmen« Buchenwald eine erstaunliche Vielfalt festgestellt. Dazu gehörten 139 Gefäßpflanzenarten und 1 998 Tierarten, darunter 171 Rote-Liste-Arten. Unter den 938 registrierten Käferarten wurden 25 als verschollen geltende Arten zum ersten Mal nach 50 Jahren wieder in Hessen gefunden. Dazu trugen sicher auch die beträchtlichen Totholzbestände bei, die noch aus den Windbrüchen von 1990 stammen. Systematisch erfasst wurden die Gruppen der Schnecken, Muscheln, Regenwürmer, Asseln, Spinnen, Weberknechte, Rindenläuse, Fransenflügler, Zikaden, Blattflöhe, Wanzen, Schnabelfliegen, Köcherfliegen, Käfer, Blattwespen, Stechimmen, Großschmetterlinge, Lurche, Reptilien, Vögel und Kleinsäuger. Schätzungen aufgrund dieser Bestandsaufnahme

gehen davon aus, dass auf der 42 Hektar großen Fläche einmal 4500 Tierarten leben werden, sobald Totholz in ausreichender Dicke vorliegt. Diese Zahl entspricht immerhin einem Zehntel aller in Deutschland vorkommenden Tierarten.

Über die erforderliche Mindestgröße eines Naturwaldreservates scheiden sich die Geister. Viele Naturschutzorganisationen halten eine untere Grenze von 100 Hektar für sinnvoll, mit zunehmender Größe des

Areals nehmen strukturelle Vielfalt, Artenzahl und ökologische Stabilität zu. Ihr volles Potential können Naturwaldreservate aber nur dann entfalten, wenn sie durch Wirtschaftswälder vernetzt sind, in denen nicht nur kommerzielle, sondern auch ökologische Aspekte ihren Platz haben.

Der moderne Mensch sucht häufig wieder den Kontakt zur Natur, nur was wir kennen und lieben gelernt haben, werden wir künftig auch schützen. Die Waldpädagogik kann hierbei Weichen für heranwachsende neue Generationen stellen. Ein Lernen mit allen Sinnen, das bewusste Erleben von sich frei entfaltender Natur, ist essentiell und prägend für die gesamte weitere Entwicklung.

Feindbild Totholz?

Ungeachtet aller gegenlautenden wissenschaftlichen Erkenntnisse halten sich in der breiten Öffentlichkeit Vorurteile gegenüber Totholz mit erstaunlicher Hartnäckigkeit. Einige dieser Klischees sollen im Folgenden etwas näher beleuchtet werden.

1. Totholz ist »unordentlich«

Diese Aussage ist Ausdruck eines völlig verzerrten Naturbilds, geprägt durch das Aussehen unserer häufig so sterilen Forste. Ordnung ist das genaue Gegenteil von struktureller Vielfalt und daher kein Bestandteil eines natürlichen Ökosystems. Ertragsoptimierte Holzäcker in Form von Fichtenmonokulturen haben dagegen einen extrem hohen Ordnungsgrad. Der Untergrund wirkt wie leer gefegt, eine natürliche Kraut- und Strauchschicht ist meistens nur ansatzweise vorhanden, in diesen homogenen Beständen gleicht eine Fichte der anderen. Dort herrscht tatsächlich Ordnung! Der Preis dafür ist ein krankes, anfälliges Ökosystem, das nur durch massive Eingriffe des Menschen überleben kann. Das botanische Gegenstück zur Käfighuhnhaltung, aber mit Sicherheit kein Zustand, den wir als Ideal anstreben sollten!

2. Totholz ist »hässlich«

Wer durch den Nationalpark Bayerischer Wald wandert und dort erlebt, wie ein natürlicher Wald im Idealfall aussehen könnte, kann diese Aussage nur schwer nachvollziehen. Alte, von der Sonne gebleichte Baumruinen, bizarre Baumstrünke, malerische Flechtenbärte und ausgedehnte Moospolster, die die Form der darunterliegenden Stämme nur noch schwach erahnen lassen, bieten dem Betrachter eine Ästhetik der besonderen Art.

Refugien für Urwaldreliktarten xylobionter Käfer

Unter »Urwaldreliktarten« versteht man Käferarten, die besonders hohe Ansprüche an die Qualität des vorhandenen Totholzes stellen (»xylobiont« bedeutet »im Totholz lebend«). Dazu gehören zum Beispiel der Heldbock *(Cerambyx cerdo)* und *Neatus picipes* aus der Familie der Schwarzkäfer *(Tenebrionidae)*. Besonders wertvoll sind für diese Käfer frei stehende, besonnte Hölzer, dicke Stämme und Baumhöhlen. Entscheidend ist auch das Vorhandensein von Totholz in allen Phasen des Abbaus, vom anbrüchigen, noch lebenden Baum bis hin zur abgestorbenen Baumruine. Oft bestehen diese Standorte bereits seit Jahrhunderten und sind Überbleibsel alter Bewirtschaftungsformen wie den Hutewäldern (siehe Seite 13). Erstaunlicherweise befinden sich diese Standorte manchmal sogar inmitten von Großstädten (Wiener Prater), der Mensch hat dort – völlig unabsichtlich – wertvollen Ersatz für die ursprünglichen Urwälder geschaffen.

Das Auftreten von Urwaldreliktarten xylobionter Käfer ist ein Kriterium für die Qualität eines Lebensraums. Diese Käferarten sind in der Regel mit einer ganzen Reihe ebenso seltener Tier-, Pflanzen- und Pilzarten vergesellschaftet. Schutz, Entwicklung und Vernetzung solcher wertvollen Standorte sind deshalb wesentliche Ziele des Artenschutzes.

Wer die Gelegenheit hat, einen solchen Standort zu besichtigen, sollte sie unbedingt nutzen. Der Anblick uralter Bäume und Baumruinen, die ihre Lebenszyklen ungestört vollenden dürfen, ist faszinierend und emotional berührend. Totholz übt einen Zauber auf den Betrachter aus, wer sich darauf einlässt, wird diese wilde Schönheit mit Staunen, Bewunderung und Freude erleben (siehe ab Seite 175 für eine Auswahl interessanter Standorte und weiterführender Adressen).

Jeder abgestorbene Baum ist ein Unikat, erzählt seine ganz besondere Geschichte. Es ist eine herbe, raue Schönheit, die sich möglicherweise erst auf den zweiten Blick erschließt. Sich auf diesen ungewohnten Anblick vorurteilsfrei einzulassen, mag viele Menschen zunächst Überwindung kosten, aber diese Entscheidung lohnt sich. Schönheit liegt immer im Auge des Betrachters. Viele Nationalparkbesucher kommen gerade wegen dieser hierzulande so seltenen Naturerfahrung. Wer sich nur etwas mit dem Lebensraum Totholz beschäftigt und dessen herausragende Bedeutung für den Wald erkennt, wird sich auf Dauer auch dessen Ästhetik und eigenwilliger Schönheit nicht entziehen können.

3. Totholz bietet Lebensraum für »Schädlinge«

Der Anteil sogenannter »Schädlinge« unter den im Totholz lebenden Insektenarten beträgt weniger als ein Prozent. Bei dem gefürchteten »Borkenkäfer« handelt es sich fast ausschließlich um den Buchdrucker *(Ips typographus)*, im Totholz entwickeln sich darüber hinaus rund 100 weitere »harmlose« Borkenkäferarten. Der Buchdrucker ist ein ganz normaler Bestandteil des Ökosystems Wald und befällt schwerpunktmäßig kranke und geschwächte Bäume. Zum »Schädling« wird er erst durch die völlig unnatürlichen Rahmenbedingungen, die der Mensch schafft. Standortfremde, artenarme Fichtenmonokulturen sind ökologisch sehr instabil. Werden sie durch Luftverschmutzung, Trockenheit oder Stürme zusätzlich geschwächt, kommt es immer wieder zur nachfolgenden Massenvermehrung des Buchdruckers. Das Problem ist also nicht der Käfer, sondern der Mensch! In einem ökologisch gesunden Mischwald mit vielfältigen Altersstrukturen und einem reichen Totholzangebot eskaliert die Situation dagegen nie in diesem gefürchteten Ausmaß. Totholz, das älter als ein bis zwei Jahre ist, wird vom Buchdrucker nicht mehr besiedelt und stellt daher keine Gefahr mehr dar. Seine Entfernung würde die Vermehrung des Buchdruckers jetzt sogar begünstigen, da sich auch die Gegenspieler des Käfers im Totholz aufhalten: Schlupfwespen und Erzwespen, verschiedene Pilze, Milben, Waldameisen, Käfer (Ameisen-Buntkäfer, Flachkäfer, Rindenglanzkäfer, Grablaufkäfer, Stutzkäfer) und Kamelhalsfliegen. Je höher die Artenvielfalt und damit die Anzahl

möglicher Vernetzungen in einem Ökosystem ist, desto stabiler ist dieses System. Gerade ein hoher Totholzanteil kann daher Entgleisungen wirkungsvoll vorbeugen. Auch ohne das Zutun des Menschen brechen Massenvermehrungen nach einiger Zeit von alleine wieder zusammen, der Wald hätte sonst nicht Jahrmillionen überdauert.

4. Nur ein »junger« Wald ist schön

Unglücklicherweise verbreitet sich der von der Werbung so aufwendig unterstützte Jugendkult wie eine Seuche. Das mühsam aufgebaute Feindbild »Falte« verschafft Kosmetik und plastischer Chirurgie traumhafte Umsätze. In manchen Kreisen stehen Lachfältchen bereits auf der Roten Liste, Papa Botox wird's schon richten! Alter und Tod werden tabuisiert und krampfhaft aus unserem Alltag ausgegrenzt.

Diese fragwürdige Sichtweise gilt kurioserweise zum Teil auch bei der Naturbetrachtung. Ein abgestorbener Baum ist ein Mahnmal der Vergänglichkeit und bereitet uns Unbehagen, er passt nicht in unser Bild von einer heilen Welt. Dabei könnte er im Idealfall wesentlich dazu beitragen, uns die Unsinnigkeit dieser Vogel-Strauß-Politik vor Augen zu führen. Totholz ist nicht das Ende, ganz im Gegenteil. Gerade durch seinen Tod hat der Baum Lebensraum für eine schier grenzenlose Artenfülle geschaffen. Aus ökologischer Sicht kann er daher posthum wertvoller sein, als er es zu Lebzeiten jemals war. Im Verlauf von Jahren, manchmal sogar Jahrhunderten, wird er schrittweise in den Stoffkreislauf zurückgeführt, jeder dieser Schritte schafft wieder neue Lebensräume. Das Bild eines Baumkeimlings, der auf einem völlig vermoderten Holzstamm nach dem Licht strebt, hat einen ganz starken Symbolgehalt. Anfang und Ende gehen nahtlos ineinander über, ein ewiger Kreislauf, in dem auch wir selbst eingebunden sind. Eine sehr tröstliche Perspektive!

5. Totholz ist »gefährlich«

Alt- und Totholz gehören zu einem intakten Wald und bergen im Fall von stehendem Totholz sicher auch gewisse Risiken. Dennoch sollte man das Kind nicht mit dem Bade ausschütten. Aus Furcht vor einer möglichen Haftung sägen manche Waldbesitzer Totholz kategorisch um. Nach dem Motto: wo kein Baum, da kein Versicherungsfall. In Nationalparks werden dagegen nur besonders gefährdete Bäume in unmittelbarer Nähe der Wege gefällt. Gleichzeitig wird durch Schilder auf die Gefahr bei starkem Wind und die Eigenverantwortung des Besuchers hingewiesen. Generell sollte die Haftungsfrage neu überdacht und die Eigenverantwortung des Wanderers in freier Wildbahn wieder stärker betont werden. Jeder Aufenthalt im Freien birgt Risiken, die auch durch noch so aufwendige Sicherheitsvorkehrungen nicht gänzlich verschwinden werden. Steinschlag, Lawinen, Blitzschlag oder fallendes Totholz lassen sich nicht komplett vermeiden, der Wanderer kann sein persönliches Risiko aber durch ein vernünftiges Verhalten minimieren. Schließlich wäre es auch völlig absurd, den Waldbesitzer für Schäden durch Pilzvergiftung haftbar zu machen, nur weil dieser die giftigen Pilze vorbeugend hätte entfernen können. Wer nicht auf den Wegen bleibt oder Wege während Zeiten nutzt, in denen es verboten ist, und bei Sturm mitten durch einen naturnahen Wald läuft, sollte das auf eigenes Risiko tun.

Die ökologische Bedeutung von Totholz

Totholz als Lebensraum

Es gibt nur wenige andere Lebensräume mit einer vergleichbaren, geradezu unerschöpflichen strukturellen Vielfalt wie der von Totholz: stehend oder liegend, in voller Sonne oder beschattet, verpilzt oder unverpilzt, weißfaul oder braunfaul, verbrannt, trocken, feucht oder überschwemmt. Laubholz oder Nadelholz, Weichholz oder Hartholz, Zweige, Äste oder Stämme, Borke, Rinde, Splintholz oder Kernholz, Baumruinen, Baumstümpfe, Blitzrinnen, Schürfstellen oder Bruchstellen, dürre Äste der Wipfelregion, Wurzelbereiche, Stamm-, Mulm- und Spechthöhlen, Harzflüsse, Kiefern- und Fichtenzapfen, Ameisen- und Wespennester, Pilzfruchtkörper, Insektenkot, Nagemehl oder Käferfraßgänge – diese Liste lässt sich beinahe grenzenlos verlängern.

Auf jeden dieser Lebensräume wirken zahllose Faktoren wie Mikroklima, Dicke und Art des Holzes, Grad der Verwitterung oder Art der Pilzbesiedelung ein. In einem stehenden Stamm herrschen beispielsweise in Bodennähe und im Kronenbereich jeweils völlig andere Temperatur- und Feuchtigkeitsverhältnisse, es handelt sich also nur auf den ersten Blick um einen homogenen Lebensraum. Der oft im Schatten liegende Stammfuß zeichnet sich durch einen konstanteren Wassergehalt und ein gemäßigtes Mikroklima aus, im obersten Bereich sorgen dagegen Sonne und Wind für starke Schwankungen. Hohe Temperaturen und Austrocknung wechseln mit Kälte und Durchfeuchtung ab. Die unterschiedlichen Mikroklimata in Stamm und Krone gehen fließend ineinander über.

Durch all diese Faktoren spaltet sich das scheinbar so gleichförmige Medium Totholz in eine Unzahl verschiedenster Lebensräume auf. Dieses breit gefächerte Angebot reduziert die Konkurrenz zwischen den im Totholz heimischen Arten, jede einzelne Nische kann von optimal angepassten Spezialisten besiedelt werden. Den Löwenanteil der Besiedler stellen die Käfer mit rund 1 400 Arten und die Pilze mit etwa 1 500 Arten. Über 500 Fliegen- und Mückenarten und zahlreiche andere Vertreter der Insekten tummeln sich ebenfalls dort. Moose, Flechten, Spinnen,

Asseln, Schnecken, Amphibien wie der Feuersalamander, Reptilien wie die Aspisviper, Vögel und Säugetiere wie Fledermäuse schließen den Reigen, letztendlich hat jede Gruppe irgendwo im Totholz eine passende Nische für sich gefunden. Die lange Zeit in der Forstpraxis übliche Vorgehensweise, das »unordentliche« Totholz möglichst komplett zu entsorgen, wirkt unter diesem Blickwinkel fast schon surreal.

Totholz als Nährstoffspeicher

Die vom Baum während seines Lebens aufgenommenen Nährstoffe gehen zu einem Teil durch die Produktion von Blüten, Früchten und den Laub- oder Nadelabwurf verloren (wobei im Stoffkreislauf Nährstoffe aus diesen abgeworfenen Produkten teilweise recycelt und »wieder« vom Baum aufgenommen werden). Der verbliebene Rest wird im Holz oder der Rinde gespeichert und dort nach dem Absterben des Baumes von der Gesamtheit der abbauenden Lebewesen nach und nach komplett recycelt und in den Stoffkreislauf zurückgeführt. Viele Nährstoffe und Stickstoff sind während dieser Phase im Myzel der abbauenden Pilze gespeichert.

Ein Kubikmeter (1 Ster) lebendes Buchenastholz mit einem Gewicht von etwa 750 Kilogramm enthält etwa 2,5 Kilogramm Kalium, Magnesium und Calcium. Der unter der abgestorbenen Borke liegende lebende Teil der Rinde (der Bast) transportiert im lebenden Baum den bei der Fotosynthese gebildeten Zucker von der Baumkrone Richtung Wurzel. Außerdem enthält der Bast Proteine und Stärke. Die äußerste, wasserleitende Holzschicht (das Splintholz) transportiert im Gegenzug Wasser und Nährstoffe vom Boden in die Baumkrone (also in der umgekehrten Richtung) und speichert Zucker und Stärke im Holzgewebe.

Die leicht spaltbaren, energiereichen organischen Verbindungen in Bast und Splintholz werden sehr rasch von Pilzen und Bakterien abgebaut. Auch viele Frischholzbesiedler unter den Insekten wie Bock- und Borkenkäfer haben sich auf diesen vergleichsweise leicht zu erschließenden Lebensraum spezialisiert. Warum komplexe Makromoleküle knacken, wenn es auch deutlich einfacher geht! Dank der begeisterten Fangemeinde ist diese Nische nur sehr kurzlebig, ein darauf spezialisierter Käfer muss sich also relativ schnell nach neuen Lebensräumen umsehen.

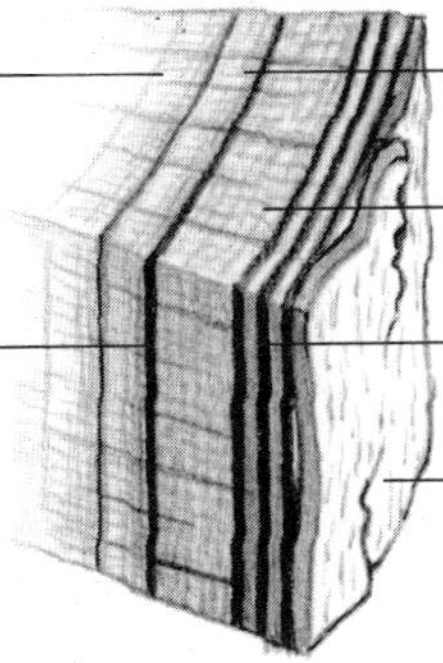

Holzschichten am Beispiel von Wacholder: Jede Schicht hat lebensnotwendige Funktionen für den Baum. Das Kambium ist für das Dickenwachstum des Baumes verantwortlich, das Korkkambium (nur bei Zweikeimblättrigen wie dem Wachholder) bildet das Abschlussgewebe. Der Bast transportiert Zucker aus der Fotosynthese zu den Wurzeln, das Splintholz transportiert Wasser und Nährstoffe von den Wurzeln in die Baumkrone.

Frischholzbesiedler sind daher sehr mobil und fliegen auf der Suche nach geeigneten Lebensräumen viele Kilometer.

Der Aufschluss des verbliebenen Holzkörpers erfolgt dann wesentlich langsamer und bietet Pilzen und Insekten über Jahrzehnte, im Falle von alten Mulmhöhlen in noch lebenden Eichen sogar über Jahrhunderte, Lebensraum. Abgestorbene Pappeln, Weiden und Birken verrotten nach 10 bis 20 Jahren, Buchen und Kiefern nach 30 bis 50 Jahren, die unverwüstliche deutsche Eiche hält sich wacker bis zu 80 Jahre lang.

Totholz und Humusbildung

In einem Jahrzehnte dauernden Prozess werden die komplexen Makromoleküle des Holzes (Zellulose, Lignin, Hemizellulose) schrittweise immer weiter abgebaut (siehe ab Seite 34). Eine Schlüsselrolle spielen hierbei die Pilze, da sie neben den Bakterien als eine der wenigen Organismengruppen die enzymatischen »Werkzeuge« besitzen, um diese widerstandsfähigen organischen Verbindungen in »verbraucherfreundlichere« kleinere Untereinheiten zu zerlegen. Die Endprodukte dieses Abbaus reagieren im Boden wieder zu komplex aufgebauten Makromolekülen, den sehr vielfältig strukturierten, chemisch uneinheitlichen und damit im Interesse des Lesers eher »unbeschreiblichen« Huminstoffen. Diese verbinden sich mit den Tonbestandteilen des mineralischen Untergrunds und bilden die sogenannten Ton-Humus-Komplexe, deren Verbindungen aus organischen und anorganischen Komponenten für die Krümelstruktur des Bodens verantwortlich sind. Durch die porenreiche, stabile Struktur werden Wasser- und Luftzirkulation im Boden erleichtert und Erosion und Verschlämmung verhindert. Ton bindet durch seine negativ geladene Oberfläche Mineralstoffe wie Kalium, Calcium und Magnesium in Form positiver Ionen und verhindert wirkungsvoll deren Auswaschung durch Niederschläge. Die so gespeicherten Mineralstoffe können bei Bedarf durch Austausch gegen andere Ionen wieder von den Pflanzenwurzeln aufgenommen werden.

Mikroklimatische Kleinräume durch Totholz

Vor allem dickes, relativ weit abgebautes, liegendes Totholz puffert Temperatur- und Feuchtigkeitsschwankungen ab und sorgt so für ein relativ konstantes Mikroklima in unmittelbarer Umgebung. Das verrottende, von Pilzen durchsetzte Holz wirkt wie ein riesiger Schwamm, der große Flüssigkeitsmengen speichert. An heißen Tagen wird vermehrt Feuchtigkeit durch Verdunstung freigesetzt, an kühlen Tagen weniger, die Gefahr einer Austrocknung für Lebewesen im Umfeld wird daher deutlich verringert. Für viele feuchtigkeitsliebende Tierarten wie Amphibien und Schnecken entstehen so mikroklimatisch optimale Lebensräume und Versteckmöglichkeiten. Die Oberfläche von Totholz erwärmt sich rasch und bietet damit wertvolle Sonnenplätze für Reptilien und eine rasche Schneefreiheit im Frühjahr.

Totholz als Erosionsschutz und Lawinenschutz

Werden Windwurfflächen großflächig geräumt, wirkt das Gelände im Anschluss häufig wie eine Mondlandschaft. Der Einsatz schwerster

Maschinen verdichtet den Boden, Fahrspuren graben sich tief in den Untergrund und stören damit Durchlüftung und Wasserhaushalt des Bodens für viele Jahre. Gerade auf steileren Hängen kann es in der Folge zu Lawinen kommen.

Auf ungeräumten Windwurfflächen sind Häufigkeit und Ausmaß von Schneerutschen und Lawinen dagegen deutlich geringer. Die Schutzwirkung einer ungeräumten Fläche ist nach 30 Jahren immer noch höher als die einer geräumten Vergleichsfläche. Insbesondere verkeilte Stämme können herabrollende Steine, Erdrutsche und Lawinen wirkungsvoll aufhalten. Wird ein Wald durch Windwurf gefällt, steigert sich seine Schutzwirkung gegenüber Lawinen und Steinschlag im Vergleich zum ungefällten Wald anfänglich sogar. Das dreidimensionale Stämmemikado bildet in diesem Fall eine wirkungsvolle Blockade. Auf den verrottenden Stämmen herrschen ideale Keimbedingungen, im Schutze des Totholzes kann so eine neue Waldgeneration heranwachsen.

Oberflächenerosion und Hangrutschungen entstehen häufig in erster Linie durch die Holzernte und den damit verbundenen Wegebau, nicht aber als unmittelbare Folgen von Sturmschäden.

Baumkeimlinge auf Totholz

Unter abgestorbenen Bäumen reichert sich nach und nach eine nährstoffreiche Mulchschicht aus Nadeln, Ästen, Stammstücken und Borkenplatten an. Abgeworfenes Laub wird dagegen binnen weniger Monate (Herbst, Frühling) vor allem durch Regenwürmer, die die Blätter in ihre Gänge ziehen, fast komplett recycelt. Nadeln sind harzig, sauer und daher schwerer verdaulich. (Durch die Verschleppung von europäischen Regenwürmern in die USA hat sich der frühere Charakter der dortigen Wälder mit ihren extrem dicken Laubschichten komplett verändert.)

Samen von Bäumen finden auf den vermodernden, bewuchsfreien Stämmen optimale Keimbedingungen. In lichten Laubmischwäldern gedeihen auf dem Holz auch viele Farne und Blütenpflanzen. Die im Holz gespeicherten Nährstoffe werden durch die Tätigkeit der Pilze und Insekten nach und nach freigesetzt. Die Pilze selbst produzieren dabei Zucker und Proteine, die wieder von anderen Mikroorganismen genutzt werden. In den Insektenfraßgängen reichern sich Kot, abgestorbene Larven und Puppen an und liefern zusätzlichen »Dünger« für die Keimlinge.

Durch die erhöhte Lage und das Fehlen von sonstigem Aufwuchs entstehen behagliche »Natursolarien« für die Baumkeimlinge. Die Stämme isolieren den Keimling im Frühjahr gegen die Bodenkälte, das Holz erwärmt sich rasch, daher schmilzt der Schnee etwa zwei Wochen früher als im unmittelbaren Umfeld. Dadurch verlängert sich die Vegetationsperiode für den Keimling. Die Anfälligkeit für einen Befall mit dem Schwarzen Schneeschimmel *(Herpotrichia juniperi)*, einem gefürchteten Schadpilz an Fichten an schattigen, feuchtkalten Standorten, ist daher deutlich geringer.

Dicke Stämme und Baumstümpfe speichern in ihrem schwammigen Holz große Mengen Wasser, beim Abbau durch Mikroorganismen wird Wärme frei, dadurch entsteht insgesamt ein sehr günstiges, stabiles Mikroklima. Baumstümpfe und starke Stämme benötigen oft Jahrzehnte bis zu ihrer völligen Zersetzung, während dieses Zeitraums bieten sie relativ stabile Bedingungen für heranwachsende junge Bäume. Auch in

unmittelbarer Nähe von Totholz sind die Wuchsbedingungen für einen Keimling günstig, Feuchtigkeit und Nährstoffgehalt sind erhöht, der Keimling ist besser vor Verbiss geschützt. Auf vermodernden Stämmen entwickeln sich je nach Region Fichte, Tanne, Arve (Zirbelkiefer) und Vogelbeere besonders erfolgreich. Der Konkurrenzdruck durch Gräser, Farne oder Stauden ist in der exponierten Lage minimal, der Keimling leidet eher unter einer gewissen Vereinsamung auf seinem Moderstamm. Vor allem in den Hochlagen der Gebirgswälder mit ihrer starken, krautigen Konkurrenzvegetation spielt die Naturverjüngung auf Totholz eine entscheidende Rolle. So bildet in den Höhenlagen des Nationalparks Bayerischer Wald das Land-Reitgras *(Calamagrostis epigejos)* durch Wurzelausläufer geschlossene Bestände. Wer versucht, in diesen filzigen Grasmatten zu keimen, kann getrost alle Hoffnung fahren lassen, die Überlebenschance liegt praktisch bei null. Der Anteil der sogenannten *Rannenverjüngung* (Ranne: liegendes Totholz) beträgt deshalb in diesem Fall fast 100 Prozent: Häufig stößt man auf Gruppen von Bäumen, die schnurgerade in einer Reihe stehen und daher wie angepflanzt wirken. Das liegt nicht am Ordnungswahn eines Försters, sondern an dem Baumstamm, auf dem diese Bäume vor vielen Jahrzehnten gekeimt haben.

Auch die krakenartig geformten Stelzwurzeln vieler Fichten sind typische Ergebnisse dieser Rannenverjüngung. Die Wurzeln des jungen Bäumchens durchdringen das Totholz, bis sie den Boden erreichen. Nach und nach werden sie immer dicker, bis sie irgendwann das Gewicht des Baumes tragen können. Nachdem das Totholz völlig zerfallen ist, steht der neue Baum auf frei stehenden »Krakenarmen«.

Eine ideale »Kinderstube« für Baumkeimlinge sind auch die bei einem Windbruch entstehenden offenen Rohböden im Bereich der aufgeklappten Wurzelteller.

Totholz trägt somit ganz entscheidend zu einer erfolgreichen Naturverjüngung des Waldes bei. Aus einer chaotischen Windwurffläche entsteht im Verlauf weniger Jahrzehnte ganz von selbst ein stabiler junger Mischwald. Wer im Nationalpark Bayerischer Wald auf dem sogenannten »Seelensteig« durch die Windwurf- und Borkenkäferflächen aus den 1980er-Jahren wandert, wird sich der Freude über den dort entstandenen »Urwald« nur schwer verschließen können. Der Mensch kann in der Natur Geniales leisten – indem er sie in Ruhe machen lässt!

Totholz in kleinen Fließgewässern

Totholzansammlungen in stehenden oder langsam fließenden Gewässerbereichen wirken wie kleine Staudämme, hinter denen sich Sedimente anreichern. Es entwickeln sich Schlamm-, Sand- und Kiesbänke, die neue Lebensräume darstellen. Unterhalb solcher Bereiche werden häufig Vertiefungen (Kolke) ausgewaschen. Flache und tiefe Gewässerbereiche mit jeweils stark unterschiedlichen Strömungsgeschwindigkeiten wechseln miteinander ab, dadurch nehmen die Vielfalt und die ökologischen Nischen in einem Gewässer zu. Eine verstärkte Tiefenerosion (wie bei begradigten Flussläufen) wird vermieden, vor allem kleinere Hochwässer werden durch immer wieder auftretende Totholzbarrieren abgepuffert.

Strömungsberuhigte Zonen bieten geschützte Lebensräume für viele Insekten wie Köcherfliegen- und Eintagsfliegenlarven sowie Wasserkäfer. Diese sind unter anderem Nahrungsgrundlage für Jungfische. Bereiche hinter größeren Totholzablagerungen dienen bei Hochwässern als Schutz vor der Strömung. Totholz bietet wichtige Versteckmöglichkeiten für Amphibien, Fische und viele Wirbellose und geschützte Laichablageplätze für Fische. Das organische Material wird nach und nach abgebaut und ist Grundlage komplexer Nahrungsketten. Durch kleine Wasserfälle, Verwirbelungszonen und ständig wechselnde Strömungsverhältnisse wird das Wasser vermehrt mit Sauerstoff angereichert, die Selbstreinigung des Gewässers und der Abbau organischer Substanzen werden dadurch beschleunigt.

Totholz als sinnliche Erfahrung

Der ökologische Wert eines Baumes steigt mit seinem Alter, das zu einer zunehmenden strukturellen Vielfalt führt: Pilzbefall, Stammfäule, Mulm- und Spechthöhlen, abgestorbene Äste und Stammteile, Risse, totes Kronenholz oder Rindentaschen zeichnen einen waschechten Baumveteranen aus. Bei der Eiche ist fast ausschließlich der jüngste Jahresring für den Wassertransport von den Wurzeln zur Baumkrone verantwortlich, selbst scheinbar völlig hohle Bäume können daher noch Jahrzehnte überdauern. In bewirtschafteten Forsten wird ein Großteil der Eichen geerntet, noch bevor sie 200 Jahre alt sind. Die aus Sicht der

Eine Langlebige Kiefer: Ihr mögliches Alter von über 4 500 Jahren übersteigt unser Fassungsvermögen.

Holzbesiedler interessante Alterungsphase der Eiche liegt aber zwischen 400 und 800 Jahren, also lange nach der Hiebreife. Dieses Problem besteht allgemein, Bäume in der Alterungs- und Zerfallsphase fehlen in unseren Forsten mehr oder weniger komplett. Die meisten Baumarten werden schon nach einem Drittel ihres möglichen Höchstalters gefällt, aber erst ab zwei Drittel der maximalen Lebensdauer steigt die Artenzahl der Totholzbewohner drastisch an. Der Schutz alter Baumbestände und eine generelle Verlängerung der Umtriebszeit (der Zeit von der Pflanzung bis zur Fällung) sind daher wichtig.

Ungeachtet ihres ökologischen Wertes haben alte Bäume und Totholz auch einen ideellen und ästhetischen Wert. Bäume sind Bestandteile von Sagen, Märchen und Mythen, wie die Weltenesche Yggdrasil aus der nordischen Mythologie. Alte Bäume sind häufig das Zentrum eines Dorfes, bei den Germanen waren sie Orte der Rechtsprechung. Uralte Bäume haben eine ganz eigene Persönlichkeit, sie berühren uns emotional, bringen etwas in unserem Innersten zum Klingen. Diese greisen Veteranen erfüllen uns mit Ehrfurcht, mit Staunen, Bewunderung und Freude. Die Lebenszeit von »Methusalem«, der ältesten Langlebigen Kiefer *(Pinus longaeva)* in den White Mountains in Kalifornien übersteigt unser Fassungsvermögen. Eine Zeitspanne von etwa 4500 Jahren ist für uns nicht mehr vorstellbar. Als diese Kiefer ihre erste Keimwurzel in den Untergrund bohrte, wurde gerade die Cheopspyramide in Ägypten erbaut. Wir stehen hier vor Lebewesen, die in einem völlig anderen Zeitrahmen leben als wir, Lebewesen, für die wir so vergänglich sind wie eine Seifenblase. Es wäre an der Zeit, dass wir uns der Verantwortung für diese äonenalten Geschöpfe bewusst werden. Alte Bäume besitzen eine wilde, herbe Schönheit. Wir sollten uns ausreichend Zeit für eine Begegnung mit ihnen nehmen, in Ruhe alle Aspekte ihres Seins erfassen. In meinen Augen kann eine derartige Begegnung meditativen und spirituellen Charakter haben. Wenn wir uns von irregeleitetem Ordnungsdenken befreien, werden wir auch den Reiz und die Ästhetik von Totholz entdecken. Gibt es ein schöneres Beispiel für Kreisläufe in der Natur? Der zu Mulm zerfallende Baum, der bereits junge Bäumchen auf seinem Rücken trägt. Unsere starke Fixierung auf Jugend hat den Tod zu einem Feindbild werden lassen, zu etwas Beängstigendem, das wir ganz bewusst aus unserem Alltag verdrängen. Gerade »Tot«-Holz kann uns von dieser eingeschränkten Betrachtungsweise abbringen. Jedes Ende birgt einen Anfang, ein Kreis schließt sich, in dem auch wir eingebunden sind.

Der Abbau von Holz

Zwischen einem Baum in der Blüte seiner Jahre und einem Häufchen Walderde liegt ein teilweise Jahrhunderte dauernder Abbauprozess, der Lebensraum für unzählige Holzbesiedler (Xylobionten) bietet. Eine Beschreibung der einzelnen Abbauphasen könnte folgendermaßen lauten:

Viele Wege führen zum Humus! Es gibt keine vorschriftsmäßige DIN-Verrottung, deren Einzelschritte stereotyp abgearbeitet werden. Der Zerfall jedes einzelnen Stammes ist einmalig und einzigartig. Tausende Schritte sind wie in einer Kaskade hintereinandergeschaltet, jeder Schritt beeinflusst die folgenden Schritte und den Gesamtweg.

Wurde der Baum bereits komplett durch einen Sturm gefällt oder steht er noch schräg oder aufrecht? Handelt es sich um einen ganzen Baum oder einen Stumpf? Ist der Standort sonnig oder schattig, der Boden feucht oder eher trocken? Handelt es sich um die Weltenesche Yggdrasil oder um ein rachitisches Bonsaibäumchen? Lebt der Baum noch oder ist er bereits komplett abgestorben? Welche Insekten und Pilze sind die Erstbesiedler? Welche Folgebesiedler stellen sich ein? Liegt eine Braunfäule, eine Weißfäule, eine Moderfäule oder ein Mischtyp vor? Durchwuchern die Pilzhyphen das Holz aggressiv und rasch oder machen sie einen gemütlichen Sightseeingtrip? Hat der Schwarzspecht Höhlen im Stamm gezimmert? Werden diese Höhlen von Nachmietern besiedelt? Nagen Rossameisen ihr Nest in den Stamm?

Vermutlich gibt es Hunderte von Faktoren, die bei der Besiedlung des Holzes mit Xylobionten zusammenwirken. All diese einzelnen Noten verschmelzen jeweils zu einer individuellen Totholz-Symphonie, die als Abschluss des Holzmulmfinales mit einem großen Humustusch endet. Aus diesen Gründen können die Phasen des Holzabbaus nur grob skizziert werden:

Bei einem frisch abgestorbenen Stamm befinden sich in Borke, Bast und Splintholz noch große Mengen energiereicher, leicht abbaubarer organischer Verbindungen aus der Fotosynthese und ihren Folgereaktionen: Stärke, Zucker, Hemizellulose, Vitamine, Eiweiße, Aminosäuren und Wuchsstoffe (Pflanzenhormone). Diese problemlos verwertbaren Nahrungsquellen locken eine Reihe von Erstbesiedlern an. Dazu gehören Borkenkäfer, Prachtkäfer, Bockkäfer, Nagekäfer, Werftkäfer und Holzwespen.

Die Insektenfraßgänge in Rinde und Holz bieten Angriffspunkte für Pilzhyphen, die auf diese Weise schneller in das Holz eindringen können. Holzwespen sowie manche Borkenkäfer und Kernkäfer impfen das Holz sogar gezielt mit Pilzsporen oder Myzel an, ihre Larven ernähren sich von dem gebildeten Pilzrasen (Ambrosiapilze). Bohrmehl, Häutungsreste,

Kot und tote Insekten reichern das Holz mit Nährstoffen an und sind Nahrungsquellen für weitere Holzbesiedler.

Nach und nach schreitet die Zersetzung weiter fort. Die Myzelien verschiedener Pilze durchwuchern den kompletten Stamm, das Holz wird zunehmend weicher und morscher. Am Stamm erscheinen Pilzfruchtkörper der unterschiedlichen Pilzarten und werden von Kurzflügelkäfern, Schwammkäfern, Pilzmücken und Pilzfliegen besiedelt. Schwarzkäfer, verschiedene Bockkäfer, Blatthornkäfer, Prachtkäfer und Schröter schließen ihre mehrjährigen Entwicklungszyklen im Holz ab. Feuerkäfer und Schnellkäferlarven fressen andere Käferlarven. Insektenfraßgänge werden von Nachmietern wie solitären Wildbienen und Wespen besiedelt, die Larven zahlreicher Fliegen- und Mückenarten entwickeln sich im Holzmulm. Schmarotzerfliegen, Buckelfliegen und Blumenfliegen parasitieren bei den unterschiedlichsten anderen Insektengruppen. Die Glänzendschwarze Holzameise baut ihre unverwechselbaren, von Pilzen aus der *Ascomycota*-Gruppe durchwachsenen Kartonnester. Die Rinde löst sich vom Stamm und bildet zusammen mit Zweigen und Ästen eine grobe Mulchschicht am Boden.

In der letzten Abbauphase liegt das Holz weitgehend nur noch als Mulm vor, der mit dem Kot und den Resten der Vorbesiedler durchsetzt ist. Neben Fliegen- und Mückenlarven wird der feuchte Mulm nun zunehmend auch von typischen Organismen aus der Bodenfauna besiedelt. Asseln, Springschwänze, Milben und Würmer zerkleinern die einzelnen Partikel noch weiter und erleichtern dadurch die endgültige Zersetzung durch Bakterien und Pilze. Mulm und Unterboden werden zunehmend vermischt und bilden schließlich ein homogenes Gemisch. Ein wenige Tage alter Buchenkeimling reckt seine elefantenohrartigen Keimblätter hoffnungsvoll der Sonne entgegen. Der Kreislauf hat sich wieder einmal geschlossen!

Was ist Holz?

Holz besteht im Wesentlichen aus drei Grundbestandteilen: aus Zellulose, Hemizellulose und Lignin.

- **Zellulose** ist die mit Abstand häufigste organische Verbindung in der Natur. Die Fasern von Baumwolle, Hanf und Flachs bestehen fast ausschließlich aus Zellulose, Holz besteht zu etwa 50 Prozent daraus. Auch die verwitterte Oberfläche von Holz besteht in erster Linie aus der faserigen, weißgrauen Zellulose, das braune Lignin (siehe unten) ist in dieser Phase bereits durch die Ultraviolettstrahlung der Sonne zersetzt.
  Bei der Fotosynthese der grünen Pflanzen werden durch Sonnenenergie mit Hilfe des Blattfarbstoffes (Chlorophyll) aus dem Kohlenstoffdioxid der Luft und Wasser Kohlenhydrate (Zucker) gebildet. Sechs Kohlenstoffatome bilden dabei ein ringförmiges Zuckermolekül, die Glucose (Traubenzucker). Bei der gleichzeitig erfolgenden, chemischen Spaltung des Wassers entsteht als Nebenprodukt Sauerstoff. Einsame Glucosemoleküle neigen innerhalb kürzester Zeit zu Depression, deshalb schließen sich diese kontaktfreudigen Einfachzucker zu unverzweigten Ketten aus bis zu 10 000 Glucosemolekülen zusammen. Damit stehen wir bereits Auge in Auge mit der Zellulose, einer klassischen Vertreterin der Vielfachzucker (Polysaccharide). Die Kontaktfreudigkeit der Glucoseketten kennt weiterhin keine Grenzen, deshalb lagern sich viele dieser fadenförmigen Einzelketten zu dickeren Strängen, den Zellulosefibrillen, zusammen, die für die Zugfestigkeit des Holzes verantwortlich sind.
- **Hemizellulose** ist ein Vielfachzucker, an dem außer Glucose noch andere Einfachzucker wie Xylose, Arabinose, Mannose und Galactose beteiligt sind. Stark vereinfacht könnte man sagen, dass die Hemizellulose Quervernetzungen, also eine Art Abstandhalter, zwischen den parallel ausgerichteten, kettenförmigen Zellulosemolekülen bildet. Holz besteht zu 24 bis 40 Prozent aus Hemizellulose.
- Chemisch gesehen, ist **Lignin** ein äußerst kompliziertes Molekül. Im Gegensatz zur gleichförmigen Zellulose besteht dieses Makromolekül aus drei verschiedenen Einzelbausteinen (Monomeren): aus p-Cumarylalkohol, Coniferylalkohol und Sinapylalkohol. Die Struktur von Lignin variiert je nach Anteil der einzelnen Monomere sehr stark. Lignin verursacht die Verholzung der Pflanzenzelle (lat. *lignum:* Holz). Es wirkt wie eine Art Zement zwischen den Zellulosefasern und ist für die Druckfestigkeit des Holzes verantwortlich. Das Höhenwachstum

der Landpflanzen wurde erst durch die stützende Funktion des Lignins möglich. Der Küstenmammutbaum *(Sequoia sempervirens)* erreicht mit dieser Methode immerhin Höhen bis 112 Meter und Stammdurchmesser bis 7 Meter.
Die Phenylpropankörper des Lignins gehören zu den am schwersten abbaubaren Substanzen in der Natur, lediglich bestimmte Bakterien und Pilze sind dazu in der Lage. Bei mechanischen Beschädigungen produziert die Pflanze Wundlignin und beugt so einem Befall durch Mikroorganismen vor. Bei der sogenannten Braunfäule des Holzes werden Zellulose und Hemizellulose von Pilzen abgebaut, zurück bleibt nur noch das spröde, rotbraune, würfelartig zerfallende Lignin (siehe auch Seite 40).
Holz besteht zu 18 bis 30 Prozent aus Lignin. Das rotbraune Lignin ist übrigens auch für das Vergilben von Papier verantwortlich.

Das Spaghetti-bolognese-Modell

Das »Spaghetti-bolognese-Modell« lässt sich trotz seiner starken Vereinfachung gut für die Erklärung des Holzaufbaus und der unterschiedlichen Angriffsstrategien von Pilzen bei der Holzzersetzung einsetzen. Der Begriff »Spaghetti bolognese« wird künftig allerdings nie wieder derselbe für Sie sein!

Nehmen wir an, Sie hätten kurzfristig die zauberhaften Fähigkeiten Harry Potters und säßen mit gezücktem Zauberstab vor einem gehäuften Teller mit Spaghetti bolognese. Auf den ersten Wink Ihres Zauberstabes steigen die Spaghetti senkrecht vom Teller empor, der Abstand zwischen den einzelnen Nudeln ist annähernd gleich. Dieses Bild entspricht den Zellulosefasern im Holz.

Beim zweiten Wink Ihres Zauberstabes schnurren einige Nudeln auf einen Bruchteil ihrer ursprünglichen Durchmesser zusammen. Diese dünnen Nudeln laufen jeweils ein kurzes Stück senkrecht an der Außenseite einer normalen Nudel entlang, um dann im rechten Winkel zu einer benachbarten Nudel zu kreuzen und den Vorgang dort zu wiederholen. Durch diese Kontaktaufnahme sind die senkrecht stehenden Spaghetti nun durch viele dünne Nudelverbindungen quervernetzt. Diese Verbindungen entsprechen der Hemizellulose.

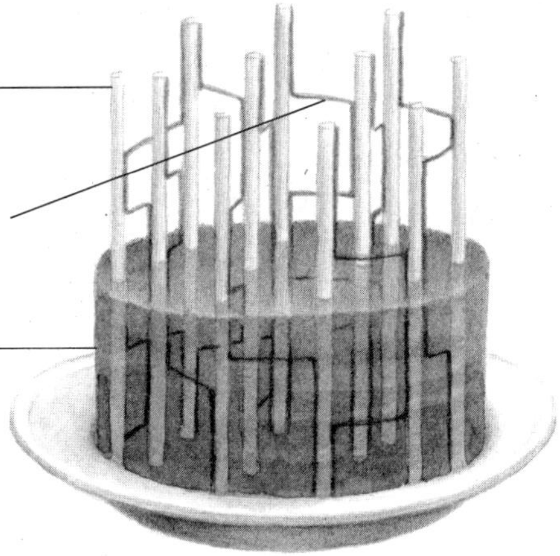

Das Spaghetti-bolognese-Modell: Dieser Teller Nudeln versinnbildlicht in anschaulicher Weise den räumlichen Aufbau des Holzes.

Beim dritten und letzten Wink Ihres Zauberstabes steigt die Spaghettisauce in den Leerräumen zwischen den Spaghetti nach oben, füllt sie komplett aus und erstarrt in dieser Position. Damit ist nun auch das Lignin an seinem Platz.

Spaghetti (Zellulose) sind für die Zugfestigkeit des Holzes verantwortlich, Sauce (Lignin) für dessen Druckfestigkeit. Zugfestes Holz besteht daher aus dicken Spaghetti mit wenig Sauce, druckfestes Holz aus dünnen Spaghetti mit viel Sauce. Parmesan könnte abschließend den Beginn eines Befalls mit Pilzsporen simulieren. Der Verzehr dieser Spaghetti wäre dann ein anschauliches Beispiel für eine simultane Weißfäule, bei der Zellulose (Spaghetti), Hemizellulose (Querspaghetti) und Lignin (Sauce) gleichzeitig abgebaut werden. Ganz so schnell wie Sie schafft es ein Pilz allerdings nicht! Wenn Sie bei Ihrem nächsten Waldbesuch vor einem malerischen Totholzstamm stehen bleiben, sollten Sie sich dieses Bild des Holzaufbaus wieder ins Gedächtnis rufen, in der Regel haftet es erstaunlich lange.

Holzabbau durch Pilze

Lediglich eine Handvoll Lebewesen ist in der Lage, die komplexen Makromoleküle im Holz zu spalten und weiterabzubauen. Zu diesen Spezialisten gehören Bakterien und Pilze. Auch das Silberfischchen *(Lepisma saccharina)*, ein Vertreter der ungeflügelten Insekten und häufig ein ungeliebter Gast in unseren Badezimmern, besitzt diese seltene Fähigkeit.

Der Abbau von Holz erfordert maßgeschneiderte Werkzeuge aus den Reihen der Enzyme. Dazu gehören unter anderem die Zellulasen. Diese spezialisierten Proteine sind in der Lage, die chemischen Bindungen des Zellulosemoleküls an definierten Schlüsselstellen aufzubrechen und damit einen weiteren Abbau einzuleiten. Sobald dieser Schritt einmal gemacht ist, steht der Weg auch für weniger spezialisierte Arten offen.

Pilze können sowohl lebendes als auch abgestorbenes Holz verwerten, die Gruppe der totholzbesiedelnden Pilze (Saprophyten) überwiegt aber bei weitem. Etwa 1 500 höhere Pilzarten sind unmittelbar an der Zersetzung von Holz beteiligt, damit bilden sie die größte Organismengruppe im Totholz.

Die Arbeit der Pilze im Holz ist von außen zunächst nicht zu erkennen, die nur 2 bis 100 Mikrometer (1 Mikrometer = 0,001 Millimeter) dicken Pilzfäden (Hyphen) durchwachsen das Holz in einem dichten Geflecht. Dabei scheiden die Hyphen Enzyme aus, welche die unterschiedlichen Bestandteile des Holzes nach und nach auflösen. Erst wenn ein Pilz Fruchtkörper bildet, ist die Besiedelung auch von außen eindeutig zu erkennen. Einige Pilze lassen sich auch mikroskopisch anhand ihrer Hyphen bestimmen, diese Aufgabe setzt allerdings eine Engelsgeduld und ermüdungsfreie Augen voraus.

Die Artenzusammensetzung der Pilze auf einem Stück Totholz unterliegt einem kontinuierlichen Wandel. Durch den enzymatischen Abbau des Holzes durch die Pilzhyphen verändern sich die chemische Zusammensetzung und die Struktur des Holzes ständig. Bildlich gesprochen, wird das Holz bis zur völligen Zersetzung wie auf einem Fließband von Pilz zu Pilz weitergereicht, jeder Pilz hat sein Wachstumsoptimum an einer anderen Stelle in dieser Kette, wodurch die Konkurrenz zwischen den Arten etwas entzerrt wird. Vor seiner »Ablösung« bildet der Pilz in der Regel Fruchtkörper und verbreitet seine Sporen, durch die er sich wieder neue Lebensräume erschließt (siehe auch ab Seite 56).

Pilzarten auf Totholz

Bei einer forstwissenschaftlichen Studie in Bayern wurde die Rotbuche zum absoluten Liebling aller Pilze gekürt, auf Buchentotholz fanden sich insgesamt 269 verschiedene Pilzarten. An einem einzigen Stamm wurden dabei bis zu 29 verschiedene Pilzarten entdeckt, die sich dort verbissene Hyphenwettrennen lieferten. Auch aus der Schweiz liegt eine sehr umfangreiche Studie über die Pilzbesiedelung der verschiedenen Holzarten vor. Die entsprechende Datenbank umfasst etwa 41 000 Fundmeldungen mit insgesamt etwa 1 700 Pilzarten. Die Schweizer Hitliste sieht dabei folgendermaßen aus (jeweils Baumart, in Klammern dahinter Anzahl der verschiedenen Pilzarten):

Fichte (813), Buche (735), Erle (555), Eiche (446), Weiß-Tanne (414), Kiefer (392), Weide (325), Esche (302), Birke (242), Hasel (214), Pappel (209), Ahorn (171), Hainbuche (169), Edelkastanie (147), Linde (146), Lärche (134), Vogelbeere (106), Ulme (65), Robinie (50), Walnuss (22), Eibe (17).

Grob gesagt, nimmt die Anzahl der Pilzarten mit zunehmender Härte des Holzes ab, besonders auffällig zeigt sich das beim harten Eibenholz. Da das Pilzmyzel das Holz beim Abbau komplett durchwachsen muss, ist die mäßige Begeisterung bei sehr hartem Holz aus Sicht des Pilzes durchaus nachvollziehbar.

Pilzfäule

Je nach strategischem Vorgehen der Pilze beim Abbau des Holzes werden drei grundsätzliche Methoden unterschieden: Braunfäule, Weißfäule und Moderfäule.

Braunfäule

Bei der Braunfäule werden Zellulose und Hemizellulose abgebaut, das rotbraune Lignin bleibt zurück. Dieser relativ seltene Zersetzungstyp tritt nur bei etwa 6 Prozent aller holzzersetzenden Pilze auf, die allesamt zur Gruppe der Basidienpilze *(Basidiomycota)* gehören. Besiedelt werden dabei in erster Linie Nadelbäume, nur selten Laubbäume. Das Holz wird spröde und brüchig, häufig zerfällt es würfelig (Würfelbruch). Im Endstadium lässt sich das besiedelte Holz zwischen den Fingern zu feinem Pulver zerreiben. Auffällig ist bei Braunfäule die intensive rotbraune Farbe des zurückbleibenden Lignins (deshalb »Braun«-Fäule).

Typische Braunfäule verursachende Pilze sind:
- Eichenwirrling *(Daedalea quercina)*,
- Fichtenporling, Rotrandiger Baumschwamm *(Fomitopsis pinicola)*,
- Schwefelporling *(Laetiporus sulphureus)*,
- Lärchenporling *(Laricifomes officinalis)*,
- Birkenporling *(Piptoporus betulinus)* oder
- Bitterer Saftporling *(Spongiporus stipticus)*.

Weißfäule

Bei der Weißfäule werden alle drei Komponenten des Holzes abgebaut, Zellulose, Hemizellulose und Lignin. Je nach Reihenfolge des Abbaus lassen sich verschiedene Unterformen unterscheiden, die teilweise auch ineinander übergehen. Besiedelt werden vor allem Laubbäume. Da prozentual mehr Zellulose als Lignin vorhanden ist, bleibt die weiße, faserige Zellulose beim Abbau aller drei Komponenten bis zuletzt übrig (deshalb »Weiß«-Fäule).

Typische Weißfäule verursachende Pilze sind:
- Echter Zunderschwamm *(Fomes fomentarius)*,
- Zottiger Schillerporling *(Inonotus hispidus)*,
- Sparriger Schüppling *(Pholiota squarrosa)*,
- Gewöhnlicher Austernseitling *(Pleurotus ostreatus)* oder
- Schmetterlingstramete *(Trametes versicolor)*.

Moderfäule

Bei der Moderfäule wird zunächst die Zellulose abgebaut, später dann auch Lignin. Besiedelt werden vor allem Laubbäume.

Das Erscheinungsbild ähnelt im Wesentlichen einer Braunfäule. Die sichere Zuordnung ist allerdings ein Fall für den Spezialisten und erfolgt im Zweifelsfall durch die mikroskopische Untersuchung des Hyphenwachstums in der Zellwand.

Typische Moderfäule verursachende Pilze sind:
- Ochsenzunge, Leberpilz *(Fistulina hepatica)*,
- Riesen-Porling *(Meripilus giganteus)* oder
- Brandkrustenpilz *(Ustulina deusta)*.

Im Porträt: Der Echte Zunderschwamm

Der Echte Zunderschwamm *(Fomes fomentarius)* ist ein typischer Vertreter holzzersetzender Pilze. Der bis zu 50 Zentimeter breite, konsolenartige Fruchtkörper bildende Pilz ist ein vertrauter Anblick in Buchenwäldern und Parks. Er gehört zu unseren häufigsten mehrjährigen Porlingsartigen *(Polyporaceae)*, 1995 wurde er von der Deutschen Gesellschaft für Mykologie zum »Pilz des Jahres« gekürt. In Mitteleuropa besiedelt der Zunderschwamm vor allem die Rotbuche, nördlich der Buchengrenze bevorzugt er Birken, im Mittelmeerraum verschiedene Eichenarten.

Für den Menschen ist diese Art absolut ungenießbar. Bereits als Jüngling ist er korkig zäh, ausgewachsene Exemplare sind holzig und steinhart. Ein kräftiger Tritt gegen einen der Fruchtkörper führt schlimmstenfalls zu einer gebrochenen Zehe und einem hämisch kichernden Pilz, Holz und Pilz sind fast untrennbar miteinander verwachsen.

Die Oberseite des Fruchtkörpers ist durch ringförmige, unterschiedlich gefärbte Zonen rillig bis bucklig strukturiert, das Farbspektrum

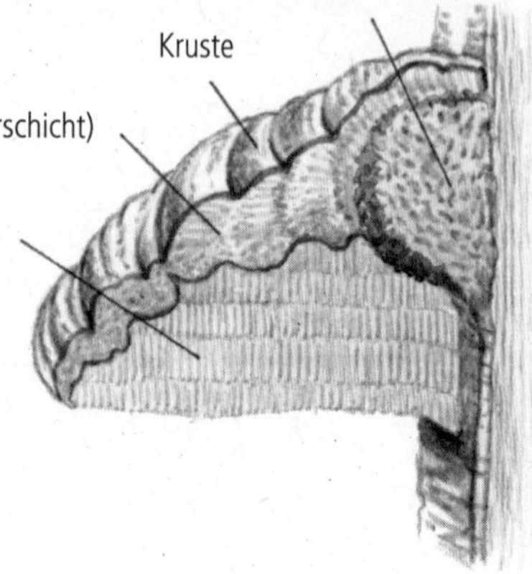

Querschnitt durch den Echten Zunderschwamm: Als häufiger Bewohner von Rotbuchenwäldern ist er ein sehr typischer Pilz.

reicht von Silberweiß, Grau, Graugrün, Braunschwarz bis Schwarz. Die wulstartigen, ringförmigen Zuwachszonen sind graurosa bis rotgelb und besitzen schmale weiße Ränder. Da pro Jahr ein bis zwei Wachstumsschübe auftreten können, handelt es sich hierbei nicht um »Jahresringe«. Die Sporenbildung erfolgt schwerpunktmäßig im Frühjahr, geringer auch im Herbst, in den Poren der Unterseite (Familie der Porlingsartigen!). In seiner aktivsten Phase bildet der Pilz dabei etwa 239 Millionen Sporen pro Quadratzentimeter sporenbildender Schicht. Stündlich wohlgemerkt! Jede Spore ist ein potentieller neuer Holzbesiedler.

Doppelgänger: Der Schein trügt

Viele Laien halten den Echten Zunderschwamm für absolut unverwechselbar und freuen sich deshalb besonders über seinen Anblick, aber das ist leider ein Irrtum. In der Pilzwelt ist generell Vorsicht vor ähnlichen Arten geboten, das beste Beispiel bietet wohl das Duo tödlicher Grüner Knollenblätterpilz *(Amanita phalloides)* und genießbare Champignons *(Agaricus)*. Da aber wohl nur ein Biber auf die Idee käme, seine Zähne in den holzigen Zunderschwamm zu schlagen, hätte eine Fehlbestimmung in diesem Fall keine allzu tragischen Konsequenzen.

- **Fichtenporling, Rotrandiger Baumschwamm:**
  Graue oder graugrüne Fruchtkörper wie der Echte Zunderschwamm bildet der Rotrandige Baumschwamm *(Fomitopsis pinicola)* nie, er kann aber mit den rotbraunen Zunderschwammvarianten verwechselt werden. Die äußersten, weiß gefärbten Zuwachszonen sondern wasserklare, leicht klebrige Tropfen ab. Der Rotrandige Baumschwamm bildet braune Sporen, riecht säuerlich oder nach benutzten Babywindeln, und beim Ansengen mit dem Feuerzeug wird die Kruste weich. Der Zunderschwamm bildet dagegen weiße Sporen, riecht angenehm pilzartig und seine Kruste bleibt bei Attacken mit einem Feuerzeug hart.
- **Flacher Lackporling:**
  Aufgrund seiner flachen, tellerartigen Wuchsform kann der Flache Lackporling *(Ganoderma applanatum)* kaum mit dem Echten Zunderschwamm verwechselt werden, er bildet aber manchmal auch gedrungene, dickwulstige Wuchsformen. Der Flache Lackporling besitzt eine weiche, mit dem Fingernagel eindrückbare Kruste, braune Sporen und eine breite, weiße Zuwachszone. Der Zunderschwamm hat dagegen eine steinharte Kruste, weiße Sporen und schmale weiße Zuwachszonen.
- **Grauer Feuerschwamm:**
  Der Graue Feuerschwamm *(Phellinus igniarius)* wird häufig auch als »Falscher Zunderschwamm« bezeichnet. Er bildet ebenfalls weiße Sporen und ähnelt dem Zunderschwamm auch sonst in Wuchsform und Farbe sehr. Häufig befällt er Weiden, in Kulturen auch Apfelbäume. Im Gegensatz zu den größeren (17 bis 23 Mikrometer großen) elliptischen Sporen des Echten Zunderschwamms hat der Graue Feuerschwamm kleinere (5 bis 7 Mikrometer große) Sporen. Da die wenigsten Spaziergänger ein Mikroskop in der Tasche haben, ist dieses Merkmal allerdings nur begrenzt praxistauglich.

Eine sichere Abgrenzung des Echten Zunderschwamms von den drei anderen Arten bildet die Kalilaugereaktion. Dabei wird ein kleines Stück Kruste von der Hutoberseite in Kalilauge gelegt. Das ausschließlich im Zunderschwamm vorkommende Formentariol reagiert mit der Lauge zu einem blutroten Farbstoff.

Der optimal ausgerüstete Zunderschwammforscher benötigt also einen Pilzbestimmungsführer, Kalilauge, ein Feuerzeug, eine geruchliche Vergleichsprobe aus einem Stück benutzter Babywindel und ein Mikroskop.

Besiedelung von Buchen

Der Echte Zunderschwamm ist ein typischer Schwäche- oder Wundparasit, der vor allem geschwächte, aber noch lebende Rotbuchen besiedelt. Das Pilzmyzel dringt über Rindenverletzungen oder Astabbrüche in den Stamm ein und bildet dort eine typische Weißfäule (Abbau von Zellulose, Hemizellulose und Lignin, siehe Seite 40).

Das Holz wird dabei nach und nach zerstört und spröde, ohne dass dabei von außen irgendwelche auffälligen Spuren am Holz erkennbar sind. Große, noch völlig belaubte Buchen können scheinbar aus heiterem Himmel zusammenbrechen. Häufig passiert das während eines Sturmes, manchmal aber auch bei Windstille, wenn das Gewicht der Baumkrone durch Schnee oder Regen einen kritischen Schwellenwert übersteigt. Vorwarnzeichen sind mehrjährige Fruchtkörper des Pilzes und rinnige Vertiefungen im Buchenstamm. Typisch sind die zurückbleibenden, mehrere Meter hohen, stehenden Stammstücke, an denen sich im Anschluss die Fruchtkörper weiterentwickeln und bis zu 20 Jahre alt werden können. Der Pilz kann sich noch viele Jahre vom Holz des abgestorbenen Stammes ernähren (saprophytische Ernährung) und sorgt so für ein rasches Recycling des Holzes.

Interessant ist das Wachstumsverhalten der Fruchtkörper nach dem Stammbruch. Die in der Röhrenschicht der Pilzunterseite gebildeten Sporen können nur dann ungehindert nach unten rieseln, wenn diese Röhren senkrecht stehen. Abgebrochene Stammstücke liegen aber mehr oder weniger waagrecht, das gilt nun selbstverständlich auch für die Röhren der darauf gewachsenen Fruchtkörper. Der Pilz korrigiert diesen für ihn untragbaren Zustand, indem er im rechten Winkel um die Ecke wächst. Damit steht die sporenbildende Schicht erneut senkrecht und die Pilzwelt ist wieder im Lot. Dieses Wachstum in Richtung der Schwerkraft wird als Gravitropismus (früher Geotropismus) bezeichnet.

Feuermachen mit dem Zunderschwamm

Die Verwendung des Zunderschwamms begann vermutlich schon in der Steinzeit. Auch »Ötzi«, die legendäre etwa 5300 Jahre alte Gletschermumie aus der späten Jungsteinzeit, trug bereits Zunder aus dem Zunderschwamm bei sich.

Feuerschlagen war eine diffizile, aber lebensnotwendige Kunst. Dazu wird mit einer Knolle aus Feuerstein (Flint), Quarz oder Quarzit gegen Markasit (Pyrit, Schwefelkies) geschlagen. Beim Aufprall werden kleine Steinpartikel aus dem Markasit gerissen und durch die Reibungswärme zum Glühen gebracht, es entstehen relativ langlebige, große Funken (die winzigen Funken, die beim Aneinanderschlagen von zwei Feuersteinen entstehen, sind völlig ungeeignet). Die entstehenden Funken fallen auf eine Unterlage aus Zunder, der sofort zu glimmen beginnt. Durch vorsichtiges Blasen vergrößert sich der Glutherd, nach Auflegen von leicht entzündbarem Material (zum Beispiel Flaum von Rohrkolben oder Disteln, getrocknetes Gras oder Ähnliches) und vorsichtigem Weiterblasen entstehen dann – im Idealfall – die ersten Flammen.

Die Herstellung von Zunder aus den Fruchtkörpern des Zunderschwamms ist ein aufwendiger Prozess, der »Zundelmacher« war früher ein eigener Berufsstand. Die filzige Zunderschicht (Trama) liegt zwischen der 2 Millimeter dicken, harten Kruste auf der Oberseite und der sporenbildenden Röhrenschicht auf der Unterseite des Fruchtkörpers (siehe Abbildung Seite 42). Sie wurde in flache Scheiben geschnitten, einige Wochen in Holzaschenlauge gelagert, getrocknet und weich geklopft. Das so entstandene filzartige, geschmeidige Produkt wurde mit Salpeterlösung (sauerstoffreichem Kaliumnitrat) getränkt und abschließend getrocknet. Auch zerkleinerter und geklopfter Zunder ohne weitere Bearbeitung glimmt, wenn auch nicht so intensiv wie mit sauerstofflieferndem Salpeter. Heute ist die frühere Bedeutung des Zunderschwamms nur noch in der Redewendung »brennt wie Zunder« präsent.

Die durch Klopfen und Ziehen entstandenen wildlederartigen Häute wurden auch zur Herstellung von Taschen, Mützen, Jacken, Hosen und Handschuhen verwendet. In Todtnau im Südschwarzwald gab es in den Jahren 1811 bis 1866 sechs Zundelmacher, später entstanden dort zwei große Zunderfabriken. Eine dieser Fabriken produzierte noch im Jahr 1871 etwa 750 Zentner Zunder. Wegen der hohen Nachfrage wurde der Zunderschwamm in Deutschland zunehmend selten und musste zusätzlich aus Skandinavien, Böhmen und Ungarn importiert werden. Mit dem Aufkommen der ersten Zündhölzer 1826 verlor der Zunder im Laufe der Jahrzehnte zunehmend an Bedeutung. 1895 gab es in Todtnau keine einzige Zunderfabrik mehr.

Wegen seiner blutstillenden Wirkung wurde verarbeiteter Zunderschwamm bis ins 19. Jahrhunderte außerdem in Apotheken verkauft *(Fungus Chirurgorum)*.

Lebensraum Baumhöhle

Baumhöhlen zeichnen sich durch eine enorme Vielschichtigkeit aus und bieten Lebensraum für eine breite Palette von Spezialisten. Der Schutz bestehender Höhlenbäume und die Sorge um geeigneten »Nachwuchs«, der bis zu seinem natürlichen Tod nicht der forstlichen Nutzung unterliegen darf, sind daher wichtige Anliegen des Naturschutzes. Der ökologische Wert der Stämme hängt entscheidend vom Stammdurchmesser und damit vom Alter ab. Nur im Inneren umfangreicher Stämme bleiben die Verhältnisse über Jahrzehnte oder gar Jahrhunderte stabil und führen so zum Aufbau eines umfangreichen Mulmkörpers. Bäume mit einem Stammdurchmesser unter 80 Zentimeter sind für die Entstehung von Großhöhlen kaum geeignet. Bei Rotbuchen treten Großhöhlen ab einem Alter von 200 Jahren auf, bei Stieleichen und Traubeneichen ab einem Alter von 250 bis 300 Jahren. Fatalerweise gestattet die Forstwirtschaft nur wenigen Bäumen eine derart lange Lebensspanne.

»Anbrüchige« Bäume sind lebende Bäume, die bereits kleinere Totholzareale wie abgestorbene Äste, Rindenverletzungen, Aststümpfe oder Astlöcher enthalten. Diese Schwachstellen sind Startbasen für Pilze, die von dort aus ihre langsame Eroberung des Holzes starten. Sie wachsen lediglich in Form von Hyphen und Fruchtkörpern, das abgebaute Material sackt rein passiv zusammen. Als Endstufe dieses Abbaus entstehen häufig Großhöhlen, die zu den artenreichsten und ökologisch bedeutendsten Lebensräumen im Totholz gehören.

Die Entstehung derartiger Eintrittspforten für Pilze kann verschiedene Ursache haben: Wind-, Schnee- und Eisbruch, Feuer, Blitzschlag,

Abbruch von Ästen oder Teilkronen, Schäden durch Maschinen bei der forstwirtschaftlichen Nutzung und bei Alleebäumen ein allzu kontaktfreudiger Pkw. Vor allem die Höhlen des Schwarzspechtes *(Dryocopus martius)* dienen einer ganzen Reihe von Nachmietern als Lebensräume, sowohl Pilzen als auch Insekten, Vögeln und Säugetieren. So »nistet« der Spechtloch-Schillerporling *(Inonotus nidus-pici)*, ein Pilz, bevorzugt in Spechthöhlen noch lebender Laubbäume. Sogar ein Moos findet in alten Stammhöhlen seine Heimat, *Anacamptodon splachnoides* besiedelt in dieser geschützten Umgebung feuchtkühle Bergwälder.

Pilze als Baumeister

Entscheidend für die Bildung von Großhöhlen sind die beteiligten Pilze.

Der Echte Zunderschwamm *(Fomes fomentarius*, siehe auch Seite 41) macht kurzen Prozess mit der von ihm besiedelten Rotbuche. Aus Sicht eines Pilzes durchwuchert sein Myzel das Holz beinahe im Zeitraffer und schreckt dabei auch vor dem Splintholz und dem teilungsaktiven Kambium nicht zurück. Dadurch brechen sowohl die Wasserversorgung als auch die Produktion lebender Gewebezellen zusammen, der Baum stirbt vergleichsweise rasch ab. Durch den Abbauprozess versprödet das Holz, die Krone bricht in mehreren Metern Höhe glatt ab und hinterlässt die typischen Hochstubben, an denen noch viele Jahre die konsolenförmigen Fruchtkörper des Pilzes wachsen. Großhöhlen entstehen bei derartigen rasanten Rahmenbedingungen niemals.

Der Goldfellschüppling *(Pholiota aurivella)*, einer unserer wichtigsten Großhöhlenbildner, der ebenfalls bei der Rotbuche vorkommen kann, verfährt da eher nach dem Motto »leben und leben lassen«. Seine Abbaugeschwindigkeit ist von phlegmatischer Gelassenheit geprägt und nichts ist ihm so verhasst wie Hektik. Netterweise beschränkt er sein Wirken auf den auch beim lebenden Baum weitgehend abgestorbenen, zentralen Holzzylinder, der an der Wasserversorgung des Baumes nicht mehr beteiligt ist. Alle für den Baum lebensnotwendigen Anteile von Holz und Rinde bleiben deshalb trotz des Pilzbefalls voll funktionsfähig. Durch teilweise Überwallung der verletzten Stelle (Verschließen der Wunde) und Bildung von Zugholz und Druckholz (siehe ab Seite 34) kann der

Baum die Veränderung in der Statik kompensieren und entwickelt sich über viele Jahrzehnte ganz normal weiter. Die Höhlenöffnung wird oft durch einen Rahmen aus wulstförmigen Holzüberwallungen stabilisiert.

Eiche und Edelkastanie nehmen aufgrund der Imprägnierung ihres Kernholzes mit bitteren Gerbstoffen (Tanninen) eine Sonderstellung ein. Diese Stoffe aus der chemischen Gruppe der Polyhydroxyphenole dienen dem Schutz vor Fraßfeinden und schützen das Holz vor dem Abbau durch Mikroorganismen. Im Verlauf der Evolution haben es aber etliche Pilze wie der Schwefelporling *(Laetiporus sulphureus)* geschafft, diesen Verteidigungsmechanismus zu unterwandern. Der Schwefelporling ist ebenfalls ein wichtiger Großhöhlenbildner. Die durch ihn verursachte Braunfäule (siehe Seite 39) beschränkt sich weitestgehend auf das Kernholz, Splintholz und Kambium bleiben verschont. Ungeachtet ihrer Baumhöhlen kann eine Eiche daher noch Jahrhunderte weiterleben. Bei der Eiche dient nur der äußerste Jahresring dem Wassertransport, selbst ein auf den ersten Blick komplett hohler Baum deckt noch immer seinen Wasserbedarf.

Weitere typische Höhlenbildner unter den Weißfäule verursachenden Pilzen sind folgende Arten:

- Apfelbaum-Saftporling *(Aurantioporus fissilis)*,
- Nördlicher Stachelseitling *(Climacodon septentrionalis)*,
- Flacher Schillerporling *(Inonotus cuticularis)*,
- Zottiger Schillerporling *(Inonotus hispidus)*,
- Ulmen-Rasling *(Lyophyllum ulmarius)*,
- Eichen-Feuerschwamm *(Phellinus robustus)*,
- Pappel-Schüppling *(Pholiota populnea)*,
- Rillstieliger Seitling *(Pleurotus cornucopiae)*,
- Berindeter Seitling *(Pleurotus dryinus)*,
- Gewöhnlicher Austernseitling *(Pleurotus ostreatus)*,
- Schuppiger Porling *(Polyporus squamosus)* oder
- Dickstacheliger Schwammporling *(Spongipellis pachyodon)*.

Ein Braunfäule verursachender Höhlenbildner ist der Leberpilz *(Fistulina hepatica)*, ein Moderfäule verursachender Höhlenbildner der Brandkrustenpilz *(Ustulina deusta)*.

Verborgene Vielfalt

Die Höhlenöffnung sagt oft nichts über die Größe des dahinterliegenden Hohlraumes aus. Eine durch Überwallungsprozesse stabilisierte kleine Öffnung bietet oft einen vor Kälteverlust und Feinden geschützten Zugang zu geräumigen Großhöhlen. In hundertvierzigjährigen Rotbuchen wurden schon bis zu 900 Exemplare des Großen Abendseglers *(Nyctalus noctula)*, einer Fledermausart, gefunden. Derart stark besuchte Höhlen können im Verlauf der Jahre bis zur Unbewohnbarkeit mit Kot angefüllt werden. Dieser Zustand ist aber nur vorübergehend. Larven von Kammschnaken, Dungfliegen, Dunkelfliegen, Pflanzenkäfern, Blatthornkäfern und andere Insektenlarven sorgen zusammen mit den Pilzen für einen raschen Abbau dieser Rückstände.

Für konstante Feuchtigkeitsbedingungen in den zunehmend verpilzten und vermorschten Stammbereichen sorgt im noch lebenden Holz der unablässige Sog wässriger mineralstoffreicher Lösungen von den Baumwurzeln in den Kronenbereich.

Das von Pilzmyzelien durchsetzte Holz wird von myzelfressenden Käfern besiedelt. Durch Weißfäule abgebautes Holz erfreut unter anderem den Beulenkopfbock und bestimmte Holzrüsselkäfer wie den Walzenförmigen Faulholzrüssler, den Gewöhnlichen Faulholzrüssler und den Zweifarbigen Faulholzrüssler. In vom Schwefelporling abgebautem, braunfaulem Holz finden sich wieder andere Arten. Dort dominieren die Nagekäferarten *Anitys rubens, Dorcatoma chrysomelina* und *Dorcatoma flavicornis,* die Schnellkäferarten *Lacon querceus* und *Ampedus cardinalis* und die Baumschwammkäferart *Mycetophagus piceus.*

In bereits stärker abgebautem Holz nistet häufig die kleine Braune Wegameise *(Lasius brunneus).* Diese Ameisen produzieren beim Nagen der ausgedehnten Gangsysteme ihrer dauerhaften Kolonien große Mengen an Holzmulm. Rund 40 Käferarten sind eng mit dieser Ameisenart vergesellschaftet. Sie leben von Beuteresten der Ameisen, den Ameisen selbst und deren Brut oder ernähren sich von Milben, die sich speziell auf diese Ameisenart spezialisiert haben.

Der baufreudige Schwarzspecht hackt oft mehrere seiner Höhlen in denselben Stamm. Im Verlauf der Jahre und Jahrzehnte vergrößern Pilze und Insekten durch ihre Abbautätigkeiten diese Hohlräume, die dann irgendwann ihren Durchbruch erreichen und zu einer Großhöhle verschmelzen. Der mineralstoffreiche Mulmkörper am Boden der Höhle, die vielfältig zerklüfteten Innenwände mit eingelagerten Mulmtaschen und das in allen Vermorschungs- und Feuchtigkeitsstufen vorliegende Holz stellen einen enorm vielfältigen und komplexen Lebensraum dar. In dieser Phase treten zwei seltene und gefährdete Käferarten auf, der Eremit *(Osmoderma eremita)* und der Feuerschmied *(Elater ferrugineus)*.

Sobald der Höhlenboden das Erdniveau erreicht, verändern sich die Verhältnisse abermals. Durch den direkten Kontakt mit dem feuchten Erdreich und den darin lebenden Organismen wird der Abbau des Holzmulms noch weiter beschleunigt. Mäuse errichten in den trockenen Bereichen ihre Vorratslager. Ihre Haare, Kot, Nahrungsreste und Nistmaterial ziehen wiederum spezialisierte Nestbewohner an.

Das am Inneren der Höhlenwände herabrinnende Wasser und der Kontakt mit der Bodenfeuchtigkeit führen zu vernässten, sauerstoffarmen Teilbereichen. In diesem nur scheinbar unwirtlichen Lebensraum entwickeln sich der Bluthalsschnellkäfer und die Schwebfliegenart *Xylota lenta* in feuchtfröhlicher Begeisterung. Maulwürfe und Mäuse vermischen beim Graben Erde und Holzmulm, in diesem lehmartigen, mit Holzresten durchsetzten Gemenge fühlt sich der Blaue Schnellkäfer wohl.

Baumhöhlen werden früher oder später von Vertretern der verschiedensten Tiergruppen besiedelt: Staatenbildende Insekten (Ameisen, Hornissen und andere Wespenarten, Honigbienen), in Höhlen brütende Vögel wie Steinkauz oder Hohltaube, Bilche, Mäuse und Fledermäuse stellen sich ein. Organisches Material in Form von Federn, Haaren, Eiern, Beuteresten, Nistmaterial, Gewöllen, Kot und Tierleichen führt zu einer geradezu explosionsartigen Vermehrung des sonst bescheidenen Nährstoffangebots. Echte Motten und Speckkäfer stürzen sich voller Freude auf Haare und Federn, deren extrem widerstandsfähiges Protein (Keratin) nur von wenigen Organismen abgebaut werden kann. In den organischen Abfällen gedeihen Stutzkäfer, Kurzflügelkäfer und Fliegenlarven. Auch im Inneren der Baumhöhlen fruchtende Pilze erweitern und bereichern das Nahrungsangebot. In feuchten Waldgesellschaften bietet das trockene Innere von Baumhöhlen eines der wenigen Plätzchen, wo sich auch extreme Trockenheitsfanatiker wohl fühlen. Dazu gehören die Schwarzkäfer, deren bekanntester Vertreter wohl der »Mehlwurm«, die Larve des Mehlkäfers, ist. In Bäumen trifft man auf den Mattglänzenden

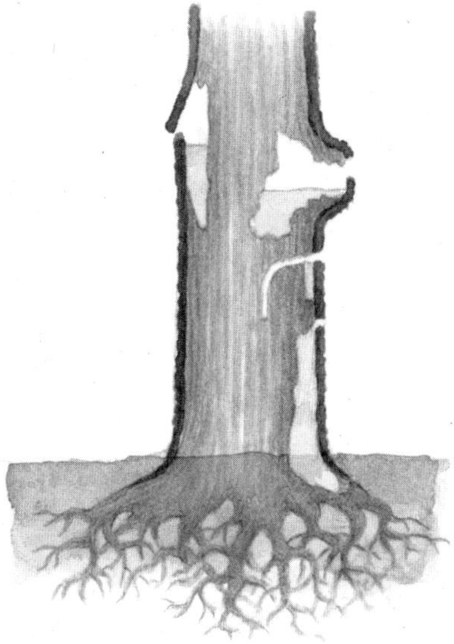

Baumhöhlen: Im Hinblick auf die Vielfalt der dort lebenden Arten sind Baumhöhlen wahre Schatzkammern der Natur. Mit Wasser oder Holzmulm gefüllte Höhlen bieten ebenso Lebensräume wie Höhlen, die bereits Erdniveau erreicht haben. Auch Saftflüsse aufgrund von Verletzungen des Baumes sind Nahrungsquellen für viele Lebewesen.

Mehlkäfer *(Tenebrio opacus)*, der sich im staubtrockenen »Holzmehl«, einer Mischung aus Holzmulm, Federn, Knochen, Insektenresten und altem Nistmaterial, wie zu Hause fühlt. Seinen Wasserbedarf deckt er so gut wie ausschließlich über den Fettabbau in seinem Körper, bei dem chemisch gebundenes Wasser freigesetzt wird. Wahrscheinlich wird dieser Schwarzkäfer nie der Larve der Schwebfliegenart *Myolepta dubia* begegnen. Diese lebt als Filtriererin von Bakterien in wassergefüllten Baumhöhlen. Ein teleskopartig verlängerbares Atemrohr versorgt sie mit dem nötigen Sauerstoff.

Mit dem endgültigen Absterben der malerischen Baumruine versiegt sowohl der Wasserstrom von den Wurzeln zur Krone als auch der Transport der in der Fotosynthese gebildeten Zucker von den Blättern zu den

Wurzeln. Nährstoff- und Feuchtigkeitszufuhr werden unterbrochen, das Holz trocknet aus. Damit verändert sich das Artenspektrum hin zu trockentoleranteren Arten. Solitäre Wildbienen und Wespen, die verlassene Insektenfraßgänge zur Anlage ihrer Brutzellen benutzen, profitieren von der neuen Situation, da sich dadurch die Gefahr einer Verpilzung ihrer Brut deutlich reduziert. Obwohl sich in den Insektenfraßgängen zunehmend nährstoffhaltige Substanzen wie Bohrmehl, abgestorbene Brut, Pollen- und Beutereste sowie Insektenleichen anhäufen, findet durch den Wassermangel nur noch ein sehr langsamer Abbau statt, auch die organischen Reste anderer Höhlenbesiedler reichern sich an. Viele Pilze können unter den extrem trockenen Bedingungen keine Pilzfruchtkörper mehr bilden.

Bricht der morsche Stamm irgendwann endgültig in sich zusammen, hat er direkten Kontakt zum feuchten Boden und die bisher im Inneren der Baumhöhle geschützten trockenen Bereiche sind nun der Witterung ausgesetzt. Diese veränderten Bedingungen bringen alle Pilze im Umfeld auf Trab, die kläglichen Reste der Baumruine werden innerhalb kürzester Zeit zum Tummelplatz von Pilzfruchtkörpern, großflächigen Schimmelpilzbelägen und Schleimpilzen. Dieses neu eröffnete Buffet wird von Schimmelkäfern wie *Atomaria elongatula* und *Atomaria badia* genutzt. Die lange Reise des Baums nähert sich langsam ihrem Ende.

Schutzkonzepte für Totholz in Wäldern

- Ausweisen von weiteren Naturwaldreservaten (siehe Seite 15), in denen künftig jeder Eingriff des Menschen unterlassen wird. Anzustreben ist jeweils eine Mindestgröße von 100 Hektar.
- Schaffung von naturnah bewirtschafteten Pufferzonen um die Naturwaldreservate.
- Grundlagenforschung in den Naturwaldreservaten, um die komplexen Prozesse im Ökosystem Wald besser verstehen zu lernen, Daten zu sammeln und auf lange Sicht wissenschaftlich fundierte Schutzkonzepte entwickeln zu können.
- Ausbau von Naturpädagogik, von Informationsveranstaltungen und Schulungen für interessierte Laien und Forstmitarbeiter.

- Schaffung von Lehrpfaden und Informationszentren im Bereich von Windwurfflächen in Nationalparks oder Naturwaldreservaten. Anbringen von Schautafeln an besonders bemerkenswerten Bäumen und Totholzstrukturen. Führungen und Exkursionen zum Thema »Totholz als Lebensraum«.
- Vernetzung der meist weit voneinander entfernten Naturwaldreservate durch ökologische »Trittsteine«. Dadurch erhalten die Arten Möglichkeiten zum Genaustausch und zur Neugründung lokal ausgestorbener Populationen. Diese Vernetzung kann über Altholzinseln und sogenannte Habitatbäume erfolgen. Auch Hecken und Parklandschaften mit alten Bäumen können zur Vernetzung beitragen.
  Altholzinseln: Eine Altholzinsel entspricht einem Mini-Naturwaldreservat. Sie umfasst kleine Waldabschnitte mit alten Bäumen und bereits bestehendem Totholz, in denen die forstliche Nutzung eingestellt wird. Pro Quadratkilometer sollten ein bis zwei Altholzinseln existieren, die Mindestgröße einer Altholzinsel sollte bei einem Hektar liegen.
  Habitatbäume: Pro Hektar Wald sollten sich 5 bis 10 Habitatbäume befinden. Folgende Merkmale können einen Habitatbaum auszeichnen:
  - alt bis sehr alt mit großem Stammdurchmesser,
  - Spechthöhlen, Stammhöhlen oder Großhöhlen,
  - hoher Totholzanteil durch abgestorbene Äste oder ganze Kronenbereiche,
  - Risse im Holz, Astlöcher, Aststümpfe, Starkastabrisse, Blitzschlagrinnen, großflächige Rindenverletzungen,
  - komplett hohle Bäume (zum Beispiel alte Kopfweiden),
  - Zwiesel: Zweiteilung des Stammes (y-förmig),
  - starker Bewuchs mit Flechten, Moosen oder Efeu,
  - verpilzte Areale, Pilzfruchtkörper oder
  - komplett abgestorben, stehend.
- Verzicht auf standortfremde Fichtenmonokulturen, Ausweitung natürlicher Mischwaldbestände als Grundlage für vielfältiges Totholz.
- Ausschließliche Verwendung von einheimischen Baumarten.
- Deutliches Anheben des Durchschnittsalters der Bestände (Erhöhung der Umtriebszeiten, das heißt der Zeit von der Pflanzung bis zur Fällung eines Baumes), um ein hohes Stammvolumen (wichtige Voraussetzung für die Entstehung von Großhöhlen) zu erreichen.

- Naturverjüngung statt Aufforstung: Sehr wichtig! Naturverjüngung erfolgt nach und nach, sodass sich zwangsläufig eine Altersstaffelung und verschiedene Arten ergeben. Aufforstung erfolgt künstlich, meist großflächig und beschränkt sich in der Regel auf eine Art.
- Keine genetische Verarmung durch Selektion von »Normbäumen«.
- Unterlassung jeder Nutzung auf einem Teil der Gesamtfläche.
- Erhöhung der Totholzmenge im Wald: In Naturwäldern ohne Eingriff des Menschen beträgt die Totholzmenge 40 bis 150 Kubikmeter pro Hektar. In bewirtschafteten Wäldern sollte ein Minimum von 20 bis 40 Kubikmeter pro Hektar vorliegen. Je mehr, desto besser!
- Erhalt von stehendem und liegendem Totholz, Wurzeltellern, Baumstümpfen, anbrüchigen Bäumen und Höhlenbäumen. Keine Entfernung von Totholz aus dem Wald.
- Liegendes Totholz unzersägt an Ort und Stelle lassen, Erhalt von zusammenhängenden Strukturen (Kronenbereich, Stamm).
- Keine Fällung von stehendem Totholz, besonderer Schutz von besonntem Totholz.
- Bei Sicherheitsproblemen in Wegnähe keine Totalfällung des Baumes, sondern Einrichtung von Hochstubben durch Kappen der Baumkrone.
- Verzicht auf Kahlschläge.
- Keine Rodung von Wurzelstöcken.
- Keine Aufarbeitung von Windwürfen, Schnee- und Eisbrüchen und sonstigen Störflächen.
- Schaffung kleiner Lichtinseln durch Fällen oder Ringelung einzelner Bäume oder Baumgruppen (siehe Seite 140).
- Ringelung einzelner Starkhölzer zur künstlichen Schaffung von Totholz, vor allem an sonnenexponierten Standorten.
- In dichten Beständen Freistellung von einzelnen Altbäumen, besonders von Eichen.
- Keine Baumsanierung in Parkanlagen mit alten Baumbeständen.
- Schaffung von Waldweide und Hutewäldern.
- Renaturierung von Fließgewässern unter Einsatz von Totholz, zum Beispiel durch gezieltes Einbringen von Totholzstämmen.

Leben im Totholz

Der enorme Artenreichtum im Totholz ist – zumindest der Wissenschaft – seit einiger Zeit bekannt, häufig liegen jedoch nur sehr wenige konkrete Zahlen vor. Um diesem Mangel abzuhelfen, führte die Biologin Karin Schiegg in den Jahren 1996 bis 1999 im Rahmen ihrer Doktorarbeit eine Bestandsaufnahme in einem totholzreichen Mischwald durch. Der Schwerpunkt ihrer Arbeit lag dabei auf allen Mücken-, Fliegen- und Käferarten, die in ihrer Entwicklung in irgendeiner Form auf Totholz angewiesen sind. Die Ergebnisse waren verblüffend und übertrafen alle Erwartungen.

Etwa 1 100 Fliegen- und Mückenarten sowie 500 Käferarten wurden bestimmt. Geradezu sensationell war die Entdeckung von 20 Fliegen- und Mückenarten, die bisher noch nie von der Wissenschaft beschrieben worden waren. Das Untersuchungsgebiet lag keineswegs im entlegensten Zipfel eines tropischen Regenwaldes, sondern im Sihlwald unmittelbar vor den Toren Zürichs. Nicht gerade die exotischste Ecke also! Einer der Mücken widerfuhr aus diesem Anlass die große Ehre, als *Forcipomyia sihlwaldensis* in die entomologische Geschichte einzugehen, 50 Fliegen- und Mückenarten waren zudem Erstfunde für die Schweiz.

Dieses Beispiel zeigt anschaulich, wie viel Potential im Lebensraum Totholz steckt und wie wenig wir andererseits noch von diesem faszinierenden Lebensraum wissen. Das folgende Kapitel möchte nun Pilze, Pflanzen und Tiere vorstellen, die untrennbar mit dem Biotop Totholz vergesellschaftet sind.

Flechtwerk im Untergrund – die Pilze

Aus der doch sehr prosaischen Sicht eines Wissenschaftlers handelt es sich bei Pilzen um »eukaryotische, chlorophylllose Exoverdauer mit Cristae-Mitochondrien und Chitin-Zellwänden«. Diese für den Laien nahezu unverständliche, staubtrockene Definition spiegelt allerdings nichts von der Vielfalt dieser faszinierenden, noch weitgehend unerforschten Organismengruppe wider. Die Zahl der bisher weltweit bekannten etwa 75 000 Pilzarten erhöht sich jedes Jahr um etwa 2 000, Wissenschaftler gehen von einer Gesamtzahl von mindestens 1,5 Millionen Arten aus. Damit bilden nach bisherigem Wissen lediglich die Insekten mit bisher einer knappen Million bekannter Arten eine noch artenreichere Gruppe.

Obwohl Pilze früher als primitive oder degenerierte Pflanzen betrachtet wurden, sind sie in Wirklichkeit näher mit den Tieren verwandt. So betreiben sie niemals Fotosynthese wie die grünen Pflanzen und besitzen Zellwände aus Chitin, einem Baustoff, der sonst ausschließlich im Tierreich vorkommt (Panzer der Insekten und Krebse, Mundraum der Ringelwürmer). Die Unterschiede zu den Pflanzen und Tieren sind aber insgesamt groß genug, um die Pilze in einem komplett eigenständigen Reich zusammenzufassen.

Einige Pilzarten sind einzellige Hefen und haben die Kulturgeschichte des Menschen von Anfang an begleitet. Bäcker, Bierbrauer, Winzer und Oktoberfestbesucher blicken in tiefer Dankbarkeit auf Hefen der Gattung *Saccharomyces* (allen voran *Saccharomyces cerevisiae*). Ohne deren unermüdlichen biochemischen Einsatz wäre das Feiern (be)rauschender Feste deutlich erschwert. Auch die Produktion von Käse, Kefir oder Sojasauce wäre ohne Pilze undenkbar.

Weitaus die meisten Pilzarten sind aber keine kugelförmigen Hefen, sondern wachsen fadenförmig. Diese nur 2 bis 100 Mikrometer (1 Mikrometer = 0,001 Millimeter) dicken Pilzfäden (Hyphen) durchziehen in einem dichten, dreidimensionalen Geflecht das abzubauende lebende oder abgestorbene Substrat. Dabei kann es sich um die Haut zwischen den Zehen unserer Füße oder die abgestorbene Ruine einer uralten Eiche handeln, Pilze finden sich auf fast allen organischen Substraten. Die Gesamtheit sämtlicher Hyphen eines Pilzes bezeichnet man als Myzel. Beim Pilzsammeln werden lediglich die nur kurzfristig gebildeten Fruchtkörper eines Pilzes geerntet. Sie bilden sozusagen die sichtbaren Spitzen des »Eisbergs« und dienen der Vermehrung des Pilzes durch die in den Fruchtkörpern gebildeten Sporen. Obwohl die Fruchtkörper kein echtes Zellgewebe bilden, sondern nur aus miteinander verklebten Pilzfäden bestehen, haben sie erstaunlicherweise dennoch eine jeweils klar definierte, arttypische Gestalt und Färbung. Viele Pilzarten sind bisher ausschließlich in ihrer Hyphenform bekannt und lassen sich daher nur mikroskopisch bestimmen.

Zusammen mit den Bakterien spielen die Pilze eine führende Rolle beim Abbau organischer Materie und bilden die Gruppe der sogenannten Destruenten. Hierbei ist so gut wie kein Material vor ihnen sicher, im Rudel zersetzen sie nahezu alles: Zellulose, Hemizellulose und Lignin, Lebensmittel, Haut, Treibstoff, Papier, Horn, Leder, Wolle, Seide. Sogar die Isolierung elektrischer Kabel, die Vergütung der Linsen optischer Geräte und CDs werden unter geeigneten Bedingungen teilweise abgebaut.

Pilze können auch lebende Organismen befallen, sie sind unter anderem Erreger von wirtschaftlich bedeutenden Pflanzenkrankheiten (Rostpilze, Brandpilze, Mehltau). Beim sogenannten »Mutterkorn« bildet der Pilz *Claviceps purpurea* in befallenen Roggenkörnern ein hartes Myzelgeflecht. Es enthält hochgiftige Lysergsäurederivate. Das halluzinogene LSD (Lysergsäurediethylamid) wurde erstmals im Mutterkorn entdeckt. Der Verzehr von Mutterkorn führt zu einer Krankheit, dem Ergotismus. Diese Vergiftung äußert sich in Nervenspasmen, Krämpfen und psychotischen Wahnvorstellungen. Durch Verzehr von stark befallenem Roggen trat Ergotismus im Mittelalter regelmäßig auf und wurde damals als »Heiliges Feuer« oder »Sankt Antonius Feuer« bezeichnet. Viele der Erkrankten wurden aus Unkenntnis der Ursache der Hexerei bezichtigt und starben qualvoll auf dem Scheiterhaufen.

Von den über 5 000 mitteleuropäischen Großpilzen sind nur etwa 150 für den Menschen giftig, etwa zwei Dutzend davon tödlich. Ungeschlagener Spitzenreiter ist nach wie vor der Grüne Knollenblätterpilz *(Amanita phalloides)*, der neunzig Prozent aller Todesfälle durch Pilzvergiftung auf sein Konto verbucht. Die tödliche Vergiftung durch den Orangefuchsigen Raukopf *(Cortinarius orellanus)* wurde erst in den 1950er-Jahren in Polen entdeckt. Dort kam es zu einer mysteriösen Massenerkrankung mit vielen Todesfällen durch Nierenschädigung. Die Symptome beginnen erst nach einer langen Latenzzeit von 2 bis 17 Tagen und werden daher oft nicht mit der vorausgehenden Pilzmahlzeit in Verbindung gebracht.

Pilzinfektionen beim Menschen reichen vom lästigen, aber relativ harmlosen Fußpilz *(Tinea pedis)* bis hin zur tödlichen Lungenentzündung durch *Pneumocystis jirovecii*, an der ein Großteil aller Aidskranken verstirbt.

Pilze können im Gegenzug aber auch Leben retten. Viele Antibiotika – allen voran das von Alexander Fleming 1928 entdeckte Penicillin – werden von Pilzen synthetisiert. 1978 wurde bei einer Transplantation erstmals der Wirkstoff Cyclosporin A eingesetzt. Diese aus dem Schlauchpilz *Tolypocladium inflatum* isolierte Substanz unterdrückt die Immunreaktion des Körpers und verhindert so die Abstoßung der Transplantate ohne die starken Nebenwirkungen der bis dahin eingesetzten Präparate. Transplantationen konnten nun mit einer bis dahin kaum vorstellbaren Erfolgsquote durchgeführt werden und zählen heute zu den Routineoperationen.

Ökologisch bedeutsam ist vor allem die Zersetzung der komplexen organischen Verbindungen im Holz (Lignin und Zellulose), die fast ausschließlich durch einen enzymatischen Abbau mit Hilfe von Pilzen eingeleitet wird und überhaupt erst das Recycling sämtlicher Nährstoffe im Ökosystem Wald ermöglich.

Mit wenigen Ausnahmen (zum Beispiel Kreuzblütler und Sauergräser) sind fast alle Pflanzenarten mit einem Pilz vergesellschaftet. Eine der am weitesten verbreiteten und wohl auch wichtigsten Symbiosen im Pflanzenreich ist die Mykorrhiza (altgr. *mykes:* Pilz, *rhiza:* Wurzel), eine innige Verbindung zwischen Pilzhyphen und Pflanzenwurzeln, aus der beide Partner immensen Nutzen ziehen. Der Pilz dringt dabei in die Wurzelzellen der Pflanze ein (Endomykorrhizen) oder umhüllt die Wurzeln nur (Ektomykorrhizen). Der zweite Typ, der unter anderem für die Bäume unserer mitteleuropäischen Wälder typisch ist, soll im Folgenden kurz erläutert werden.

In diesem Fall umhüllt ein dicker Mantel aus Pilzhyphen die Wurzelspitzen des Baums wie ein eng anliegender Handschuh. Die Pflanze bildet selbst keine Wurzelhaare mehr aus, deren Funktion wird komplett und wesentlich effizienter von den Pilzhyphen übernommen. Da die

Hyphen eine deutlich größere Fläche durchwachsen als die Wurzelhaare, ist die absorbierende Fläche riesig. Der Pilz versorgt die Pflanze mit Wasser, Phosphat, Stickstoff und anderen Mineralstoffen (Mangan, Kupfer, Zink). Zusätzlich verhindert er das Eindringen schädlicher Pilze und Fadenwürmer. Die Pflanzen sind robuster und zeichnen sich durch eine vermehrte Trockenheitsresistenz aus. Viele Pflanzen sind ohne ihren Mykorrhizapilz nicht lebensfähig. Im Gegenzug liefert die Pflanze dem Pilz in der Fotosynthese gebildete Kohlenhydrate.

Erste fossile Belege für die Mykorrhiza finden sich bereits aus dem Devon vor rund 400 Millionen Jahren. Die Eroberung des Landes mit seinen ursprünglich noch nahezu sterilen Böden war vermutlich erst nach der Entwicklung der Mykorrhiza möglich. Erst der Pilz konnte die von der Pflanze benötigten Mineralstoffe aus dem rohen Gestein aufschließen. Derzeit weiß man von etwa 90 Prozent aller Pflanzenarten und etwa 6000 Pilzarten, dass sie zur Mykorrhizabildung fähig sind. Manche Pilzgattungen (zum Beispiel Täublinge, Röhrlinge, Milchlinge) leben ausschließlich symbiotisch und bilden nur bei der Vergesellschaftung mit »ihrer« Pflanzenart Fruchtkörper. Deshalb können Steinpilze (Röhrlinge!) im Gegensatz zu Champignons nicht problemlos kultiviert werden –

ohne den entsprechenden Baum beziehungsweise seine Wurzeln läuft hier nichts! Statt Strohballen wie bei der Champignonzucht wäre eine komplette Baumschule erforderlich, die Begeisterung der Züchter hält sich daher in Grenzen.

Auch viele Pflanzenarten sind dringend auf »ihren« Pilz angewiesen. So enthalten die winzigen Samen der Orchideen fast keine Reservestoffe für die Keimung und können sich daher nur in Symbiose mit bestimmten Pilzen (Ammenpilzen) entwickeln. Die Pilze versorgen die Orchideen in der ersten Lebensphase bis zum Einsetzen der Fotosynthese mit allen lebensnotwendigen Stoffen.

Pilze spielen somit eine zentrale Rolle in vielen Ökosystemen, ohne sie würde der Nährstoffkreislauf in unseren Wäldern komplett zusammenbrechen.

Ohne Moos nix los – die Moose

Weiche Moospolster, die den Untergrund in sanft geschwungenen Schattierungen von Grün verhüllen, gehören mit Sicherheit zu den Sympathieträgern im Pflanzenreich. Das spontane Zuwendung auslösende »Kindchenschema« aus der Zoologie findet hier sein botanisches Gegenstück.

Zur Gruppe der Moose gehören die Abteilungen der Lebermoose (weltweit etwa 6 000 Arten), der Hornmoose (weltweit etwa 100 Arten) und der Laubmoose (weltweit etwa 9 500 Arten). Alle Pflanzen, die der Laie auf Anhieb als ein »klassisches« Moos bezeichnen würde, gehören in der Regel zur Gruppe der Laubmoose. Die Hornmoose haben ihren Namen von der hornförmigen Form der sporenbildenden Organe. Wie neuere Untersuchungen belegen, bilden die Moose keine natürliche Verwandtschaftsgruppe. Sie gehen also nicht auf eine gemeinsame Stammform zurück, wie früher angenommen wurde, sondern besitzen nur einen sehr ähnlichen Organisationstyp. Alle grünen Landpflanzen sind Nachfahren eines gemeinsamen Vorfahren, von dieser Hauptlinie haben sich die drei Moosgruppen der Reihe nach abgespalten. Über die Zeitpunkte und die Reihenfolge dieser Abspaltung scheiden sich im Moment noch die Forschergeister botanischer Systematik.

Im Gegensatz zu den komplex aufgebauten Gefäßpflanzen halten die Moose noch an einer relativ urtümlichen Bauweise fest. Ihre Anpassung an das Landleben steckt noch in den Kinderschuhen: Wurzeln, Stütz- und Leitgewebe fehlen in der Regel. Wasser und darin gelöste Nährsalze werden daher im einfachsten Fall passiv über die gesamte Pflanzenoberfläche aufgenommen. Im Gegensatz zu den höheren Pflanzen ist eine mehr oder weniger kontrollierte Wasseraufnahme nicht möglich. Die Blättchen der Moose sind hauchdünn und bestehen häufig nur aus einer einzigen Zellschicht. Bei den Gefäßpflanzen sind die Blätter von einer wächsernen Schutzschicht (der Cuticula) umhüllt, die vor Verdunstung schützt, bei den Moosen fehlt diese Schicht komplett oder ist nur sehr zart ausgebildet. Die meisten Moose bevorzugen daher feuchte Standorte. Salopp ausgedrückt, könnte man die Moose als die Amphibien unter den Pflanzen bezeichnen.

Viele Moosarten können aber auch im ausgetrockneten Zustand jahrelang überleben, ein 14 Jahre altes Herbarexemplar des Mauer-Drehzahnmooses *(Tortula muralis)* konnte problemlos reanimiert werden. Durch Zugabe von Wasser verwandelt sich das dürre, braune »Etwas« wie durch Zauberhand wieder in ein grünes Moospolster. In getrocknetem Zustand sind Moose fast nicht umzubringen, sie überstehen das Einfrieren in flüssigem Stickstoff bei minus 196 °C, aber auch Hitze bis 110 °C. In der Antarktis siedelt ein Moos *(Hennediella heimii)* unter einer Schicht von kleinen Quarzkieseln, die zellschädigende, extrem starke Ultraviolettstrahlung der Sonne wird durch die durchsichtige Quarzschicht drastisch abgeschwächt (hinter Glas bekommt man keinen Sonnenbrand!).

Neue Standorte werden von Moosen über fliegende Sporen besiedelt. Diese Sporen werden in speziellen Organen, den Sporogonen, gebildet, die die Sporenkapseln tragen. Die Sporen der Moose sind winzig, bei manchen Arten messen sie lediglich 10 Mikrometer (1 Mikrometer = 0,001 Millimeter). Durch den Wind werden sie über riesige Entfernungen verdriftet und keimen nach der Landung aus. Die Verluste bei einer solchen Besiedelungsmethode sind entsprechend hoch und können nur über eine Massenproduktion aufgefangen werden. Eine einzelne Sporenkapsel produziert daher bis zu 50 Millionen Sporen.

Abgesehen von der Vermehrung durch Sporen, können sich Moose auch ungeschlechtlich, das heißt vegetativ vermehren. Aus jedem einzelnen Bruchstück entsteht eine neue Pflanze. Zur vegetativen Vermehrung dienen häufig leicht abbrechende Blättchen oder Ästchen, diese Bruchstücke können dann ebenfalls wieder zu kompletten Moospflanzen heranwachsen. Manche Arten (zum Beispiel das Brunnenlebermoos *Marchantia polymorpha*) bilden sogenannte Brutkörper aus wenigen Zellen, die in einer becherförmigen Vertiefung, dem Brutbecher, liegen. Durch Regentropfen werden die lose aufliegenden kleinen Brutkörper aus ihren Bechern geschleudert und entwickeln sich am Landeplatz weiter.

Die ökologische Bedeutung der Moose ist beträchtlich. Die meterdicken Schichten der Hochmoore bestehen fast ausschließlich aus abgestorbenen Torfmoosen der Gattung *Sphagnum*, die aufgrund der sauren Verhältnisse der Hochmoore fast nicht abgebaut werden. Diese Moose besitzen spezielle abgestorbene Zellen, die auf die Wasserspeicherung spezialisiert sind. Bis zum 20-fachen des Trockengewichtes wird dabei an Wasser aufgenommen. Daher sind Hochmoore unabhängig von der Wasserzufuhr über Grundwasser oder Bäche, Regen allein genügt, um die Feuchtigkeitsverhältnisse aufrechtzuerhalten. Abbauresistente phenolische Verbindungen in der Zellwand rauben Bakterien und Pilzen jeden Spaß an der Zersetzung. Außerdem gibt das Moos im Austausch gegen positiv geladene Ionen (Kalium, Calcium, Magnesium) Protonen, also positiv geladene Wasserstoffatome, ab. Mit der Zunahme der Protonenkonzentration steigt der Säuregehalt einer Flüssigkeit. Der Standort versauert daher zunehmend und vergrault sämtliche Mikroorganismen

zusätzlich. Die Torfschicht in einem Hochmoor wächst nur etwa einen Millimeter pro Jahr. Der weltweit in Form von Torf gebundene Kohlenstoff wird auf 400 Milliarden Tonnen geschätzt. Da der Torf nicht durch Mikroorganismen zu Kohlenstoffdioxid abgebaut werden kann, haben Moorgebiete im globalen Kohlenstoffkreislauf große Bedeutung. Kohlenstoffdioxid wird dort in Form von Pflanzenmasse fixiert, anschließend aber nicht mehr durch Abbauprozesse an die Atmosphäre zurückgegeben. Das trägt zur Stabilisierung der Erdatmosphäre bei. Der großflächige Torfabbau ist ein Mahnmal menschlicher Dummheit und eine ökologische Katastrophe, die einzigartige Lebensräume unwiderruflich zerstört.

Neben den Hochmooren bilden Moose auch in der Arktis (Tundra) geschlossene Bestände. Viele Moose sind finstere Gestalten, sie kommen mit einer Lichtintensität aus, bei der Blütenpflanzen bereits nicht mehr existieren können. Auf dem Waldboden und an anderen schattigen Standorten gedeihen sie daher hervorragend, auch in Höhlen dringen

Sporopollenin

Moossporen sind mit einem Biopolymer imprägniert, das in seiner Widerstandsfähigkeit in der bekannten Natur bisher einzigartig ist, dem Sporopollenin. Die genaue Zusammensetzung dieser Substanz war lange Zeit deswegen völlig unbekannt, weil die Chemiker einfach keine Methode fanden, diesen Molekülverbund chemisch anzugreifen und in kleinere Untereinheiten zu zerlegen. Säuren, Laugen und Lösungsmittel ringen dem Sporopollenin nur ein müdes Lächeln ab. Durch diese fantastische Rüstung sind die Sporen vor dem Angriff von Pilzen und Bakterien und somit vor Schimmel und Fäulnis wirkungsvoll geschützt. Sporen werden selbst nach Jahrtausenden nicht abgebaut, sondern »überleben« als Mikrofossilien. Sogar in jahrmillionenalten Ablagerungen bleibt die Struktur der Sporen unverändert erhalten, ein wahres Gottesgeschenk für interessierte Forscher (über Poren in den Wänden der Sporen wird lediglich der Inhalt der Sporen abgebaut, die Hüllen bleiben unversehrt). Nur durch die unglaubliche Unverwüstlichkeit des Sporopollenins sind auch Pollenanalysen in fossilen Ablagerungen möglich. Dadurch lassen sich Erkenntnisse über die Pflanzenzusammensetzungen geologischer Zeitabschnitte gewinnen.

sie weit nach innen vor. Paradoxerweise können zarte Moospflänzchen sogar entscheidend an der Bildung von Gesteinen mitwirken. Am Rande von Bächen und Wasserfällen auf kalkreichem Untergrund lebende Moose wie *Eucladium verticillatum* oder das Bauchige Birnmoos *(Bryum pseudotriquetrum)* entnehmen für ihre Fotosynthese Kohlenstoffdioxid aus dem Wasser, dadurch fällt das schwerlösliche Calciumcarbonat (Kalk) aus und schlägt sich auf den Pflanzen nieder. Die Moose wachsen immer wieder über die verkalkten Teile hinaus und der Prozess beginnt von vorn. Die Kalksedimente vergrößern sich mit einer Geschwindigkeit von maximal 2 Zentimetern im Jahr und bilden im Verlauf von Jahrhunderten gewaltige Kalktuffe (Quellkalk).

Moose speichern Wasser und geben es nach und nach wieder an die Umgebung ab. Durch die erhöhte Luftfeuchtigkeit in ihrem Umfeld entsteht für viele Organismen ein stabiles Kleinklima. Moose können dabei im Durchschnitt das 6- bis 7-fache ihres Trockengewichtes an Wasser aufnehmen. (Die hohe Saugkraft getrockneter Moospolster fand früher bei den Inuits und bei manchen Indianerstämmen eine familienfreundliche Anwendung in Form von biologisch abbaubaren Säuglingswindeln.) Um die verdunstungsaktive Oberfläche zu minimieren, wachsen viele Moose polsterartig. Diese kleinen Ökosysteme werden von einer ganzen Reihe von Organismen besiedelt: von Bärtierchen (siehe Seite 69), Rädertierchen, Amöben, Moosmilben, Ameisen, Käfern, Asseln, Tausendfüßern, Fadenwürmern und Schnecken.

Vor allem in feuchten Lagen tragen Moose zur Beschleunigung der Holzverrottung bei. Stark vermorschtes Holz verschwindet oft komplett unter einer Hülle von Moospolstern, vor allem an alten Baumstümpfen lässt sich dieses Phänomen eindrucksvoll beobachten. Diese grüne Isolierschicht verringert die Verdunstung und sorgt für einen hohen Feuchtigkeitsgehalt im Holz. Wer solch einen grünen Waldthron im Garten haben möchte, sollte beim Fällen von Bäumen daher unbedingt die Baumstümpfe im Boden lassen. Mit zunehmender Höhe des Stumpfes steigt auch sein ökologischer Wert. Das komplette Recycling eines Kiefernstumpfes dauert zwischen 15 und 20 Jahre, während dieser Zeitspanne bietet der Stumpf unzähligen Arten Lebensraum – darunter auch vielen Moosarten. Jede dieser (auf diesen Lebensraum spezialisierten) Moosarten findet bei einem bestimmten Verrottungsstadium des Holzes optimale Wachstumsbedingungen, das Artenspektrum verändert sich daher kontinuierlich. Zunächst dominieren sich flach an den Untergrund anschmiegende Arten, die durch diese kompakte Wuchsform nur sehr wenig Wasser verdunsten. Aufgrund einer zunehmenden Wasserspeicherkapazität des verrottenden Holzes entsteht ein immer feuchteres Mikroklima im unmittelbaren Umfeld des Baumstumpfes. Damit ist jetzt auch eine Eroberung des »Luftraums« über dem Holz durch andere Moosarten möglich. Aufrechte und verzweigte Formen können dort das vorhandene Licht besser ausnützen und entwickeln sich daher schneller als ihre kompakten Verwandten.

Die Gruppe der Lebermoose ist dabei in der Regel stärker von Totholz abhängig als die Gruppe der Laubmoose. Im Nationalpark Gesäuse in Österreich beispielsweise war im Rahmen einer Untersuchung knapp die Hälfte aller dort gefundenen Lebermoosarten in ihrem Vorkommen an Totholz gebunden, verglichen mit nur 10 Prozent bei den Laubmoosen. Der Bewuchs mit Moos beeinflusst lebende Bäume in der Regel nicht, sie werden lediglich grüner.

Moose sind etwas eigenwillige Zeitgenossen, im Gegensatz zu den höheren Pflanzen lassen sie sich nicht gezielt im Garten ansiedeln. Dieser Sachverhalt könnte nun möglicherweise den Jäger- und Sammlertrieb des Gartenbesitzers aktivieren. Eine Entnahme aus der Natur sollte aber aus Naturschutzgründen in jedem Fall vermieden werden. Vielfältige Totholzstrukturen und Schattenbereiche im Garten führen dagegen oft zu einer spontanen Ansiedlung geeigneter Arten.

Viele Moose enthalten antimikrobielle Wirkstoffe, die einen Befall mit Bakterien oder Pilzen verhindern, daher werden sie häufig in der Volksmedizin eingesetzt. Gepresste höhere Pflanzen in Herbarien sind anfällig für Schädlingsbefall (zum Beispiel durch Käfer), deswegen werden sie in wissenschaftlichen Sammlungen regelmäßig in riesige Gefriertruhen gepackt. Moose dagegen enthalten fraßhemmende Stoffe, aus diesem Grund sind Moosherbarien wesentlich seltener von Schädlingsbefall betroffen als Herbarien höherer Pflanzen. Das gilt selbstverständlich auch für die lebenden Moose!

Weil Moose Wasser und anorganische Ionen über ihre gesamte, dünnhäutige Oberfläche aufnehmen, reagieren sie sehr empfindlich auf Luftverunreinigungen, speziell auf Schwefeldioxid. Sie sind daher aussagekräftige Indikatoren für die Luftverschmutzung. In Deutschland sind von derzeit 1 121 als einheimisch bekannten Moosarten bereits 54 ausgestorben, 28 gelten als vom Aussterben bedroht, 104 als stark gefährdet und 203 Arten als gefährdet. Eine beunruhigende Bilanz!

Besiedelung von Totholz mit Moos

Für eine optimale Besiedelung von Totholz mit Moosen sind folgende Faktoren ausschlaggebend:

- **Totholzmenge:** Je mehr Totholz vorhanden ist, desto größer sind die potentiell von Moosen besiedelbaren Flächen.
- **Stammdicke:** Mit zunehmendem Stammdurchmesser treten vermehrt seltene und gefährdete Moosarten auf.
- **Zersetzungsgrad:** Durch den enzymatischen Abbau des Holzes durch die Pilzhyphen verändern sich die chemische Zusammensetzung und die Struktur des Holzes ständig. Damit entstehen auch immer wieder unterschiedliche Wachstumsbedingungen für die Moose. Für jede Moosart gibt es einen optimalen Verwitterungsgrad des Holzes, wo sie dann gehäuft auftritt.
- **Zersetzungsvielfalt:** Ein möglichst breites Angebot von Totholz in verschiedenen Vermorschungsgraden sollte vorhanden sein.
- **Totholzartenvielfalt:** Mit einer Zunahme der verrottenden Holzarten nimmt auch die Artenvielfalt der Moose zu.
- **Vielfältige alternative Standorte:** Im Siedlungsraum können unbehandelte Holzstrukturen wie Zaunpfähle, Bretterwände und Schindeldächer zu wichtigen Ersatzstandorten für Moose werden.

Beispiele für typische Laubmoose auf Totholz sind:
- Grünes Koboldmoos *(Buxbaumia viridis)*,
- Bruchblattmoos *(Dicranodontium denudatum)*,
- Schlesisches Stumpenmoos *(Herzogiella seligeri, Sharpiella seligeri)*,
- Gezähntes Plattmoos *(Plagiothecium denticulatum)*.

Beispiele für typische Lebermoose auf Totholz sind:
- Heller-Kahnblattmoos *(Anastrophyllum hellerianum)*,
- Schlankes Bartspitzmoos *(Barbilophozia attenuata)*,
- Schwedisches Bartkelchmoos *(Calypogeia suecica)*,
- Mondblättriges Kopfsprossmoos *(Cephalozia lunulifolia)* oder
- Nacktes Schlitzkelchmoos *(Odontoschisma denudatum)*.

Leben am Limit – die Flechten

Sturmzersauste, teilweise abgestorbene und dick mit Flechten überwucherte Fichten in Hochgebirgslagen bieten einen wildromantischen Anblick. Flechten legen generell keinen Wert auf Bequemlichkeit. Je feindlicher ein Lebensraum auf den ersten Blick erscheint, desto begeisterter wird er erobert. Windgepeitschte Berggipfel, sonnendurchglühte Wüsten und arktischer Permafrostboden sind typische Lebensräume dieser Organismengruppe. Vor allem die langen Bärte der Strauchflechten können das Aussehen einer Landschaft märchenhaft verändern. So kann die Methusalem Bartflechte *(Dolichousnea longissima)* in nebelfeuchten Wäldern bei einer Dicke ihrer »Barthaare« von nur 0,5 bis 0,8 Millimetern eine maximale Gesamtlänge von 8 Metern erreichen.

Von den weltweit etwa 25 000 bisher bekannten Flechtenarten kommen in Mitteleuropa etwa 2 000 Arten vor. Nach ihrer Wuchsform werden die flach anliegenden Krustenflechten, die Blattflechten und die Strauchflechten, zu denen auch die Bartflechten gehören, unterschieden. Diese künstliche Einteilung nach der Wuchsform entspricht allerdings in keiner Weise den natürlichen Verwandtschaftsverhältnissen.

In jeder Flechte sind zwei Partner, ein Pilz und eine Alge, auf Gedeih und Verderb miteinander vergesellschaftet, nur im Rahmen dieser symbiotischen Lebensgemeinschaft können sie in ihrem extremen Umfeld überleben. Die charakteristische Form des Flechtenkörpers wird ausschließlich vom Pilz geprägt und besteht aus einem dreidimensionalen, mehrschichtigen Geflecht von Pilzfäden (Hyphen), in dem die Algen eingelagert sind. Etwa 98 Prozent der beteiligten Pilze gehören zur systematischen Gruppe der Schlauchpilze *(Ascomycota)*. Allgemein bekannte Vertreter dieser Gruppe sind zum Beispiel Schimmelpilze, Hefen, Morcheln und Trüffeln. 90 Prozent der beteiligten Algen gehören zu den Grünalgen, selten treten auch die zur Gruppe der Bakterien gehörenden Cyanobakterien auf (früher als »Blaualgen« bezeichnet). In welcher Weise profitieren die beiden Partner nun voneinander?

Die Alge betreibt mit Hilfe des grünen Blattfarbstoffes Chlorophyll und Sonnenlicht Fotosynthese. Dabei werden sowohl einfache Zucker (zum Beispiel Glucose) wie auch Zuckeralkohole (Ribit, Erythrit, Sorbit) gebildet, die der Ernährung des Pilzes dienen. Im Gegenzug stellt der Pilz eine Art Sonnenbrille für die Algen zur Verfügung. Das wie ein Filter wirkende Hyphengeflecht puffert die extreme Intensität der schädlichen Ultraviolettstrahlung auf harmlose Werte ab. Aus der Luft nimmt der Flechtenkörper Wasserdampf, Staub und Nährstoffe auf, das dichte, isolierende Hyphengeflecht verzögert zudem die Austrocknung der Algen und verlängert somit die Zeit ihrer fotosynthetischen Aktivität. Diese findet meist nur wenige Stunden pro Tag statt, häufig am frühen Morgen, wenn Tau und Nebel für ausreichende Wasserzufuhr sorgen.

Werden die Lebensbedingungen zu extrem, trocknet die Flechte vollständig aus. In diesem Zustand beträgt der Wassergehalt nur noch 2 bis 10 Prozent des Trockengewichtes. Die Rindenschicht der Flechte verdichtet sich dabei und wird undurchlässiger für das Sonnenlicht, die Fotosynthese der Algen kommt zum Erliegen. Dieser Zustand latenten Lebens ist eines der Erfolgsrezepte für die unglaubliche Überlebensfähigkeit der Flechten, selbst extremsten Temperaturverhältnissen kann die Flechte so widerstehen.

Durch die extrem langen Phasen völliger Inaktivität gehören Flechten zu den am langsamsten wachsenden Organismen. Der radiale Größenzuwachs beträgt im Mittel nur 0,1 bis 10 Millimeter. Pro Jahr wohlgemerkt! Dennoch können sie ein geradezu biblisches Alter erreichen, ein Exemplar der Landkartenflechte in Grönland ist bereits über 4 500 Jahre

alt! Die radiale Wachstumsrate dieser Art liegt pro Jahr bei 0,25 bis 0,6 Millimetern. Das gemächliche Wachstum hat einen entscheidenden Nachteil: In der Konkurrenz mit grünen Pflanzen haben Flechten nicht den Hauch einer Chance, sie würden geradezu im Zeitraffer überwuchert. Ihre Stärke können sie daher in erster Linie auf klassischen Pionierstandorten ausspielen: in Wüsten, auf nacktem Boden, blankem Fels, Mauern und Borke.

Die Bedeutung der Flechten in der Natur ist vielfältig. Rentiere und Karibus ernähren sich im Winter zu 90 Prozent von Rentierflechten *(Cladonia)*, die sie unter dem Schnee frei scharren. Viele Flechten werden von Insekten, Milben und Schnecken gefressen. Die entfernt mit den Glieder- und Stummelfüßern verwandten, primitiv gebauten, 0,1 bis 1,2 Millimeter großen Bärtierchen leben vor allem in Moos- und Flechtenpolstern, die sie in einer Dichte von bis zu 200 Individuen pro Quadratzentimeter besiedeln. In einem nahezu todesähnlichen Zustand (Kryptobiose) können sie selbst extreme Umweltbedingungen überleben, die größte erfolgreich gemeisterte Herausforderung war ein zehntätiger Trip mit einem Satelliten durch das Weltall. Der Wanderregenpfeifer *(Pluvialis dominica)* baut sein Nest aus Flechtenarten der Gattungen *Cladonia* und *Cetraria*. Auch die Nester mancher Flughörnchen bestehen fast ausschließlich

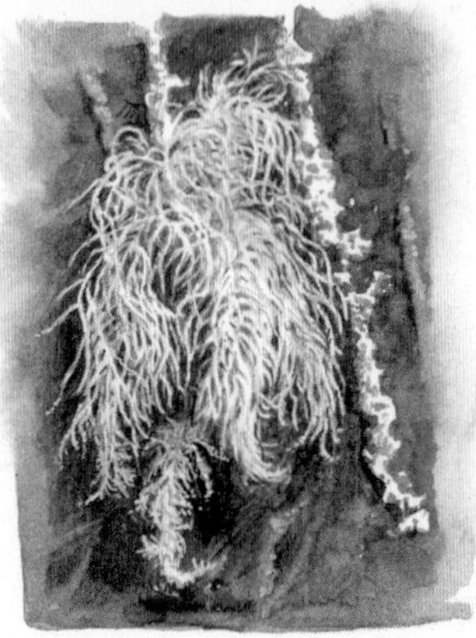

aus Flechten. Von Flechten gebildete Stoffwechselprodukte (zum Beispiel die Flechtensäuren) können eine große Bedeutung bei der biochemischen Verwitterung von Gestein und so bei der Bodenbildung haben. Auf Kalkgestein lebende Krustenflächen lösen das Gestein teilweise auf und bereiten damit die Besiedelung mit höheren Pflanzen vor. Baumflechten verändern die Rinde, auf der sie wachsen, allerdings nicht, sie verhalten sich in dieser Hinsicht völlig neutral. Einige Cyanobakterien enthaltende Flechten können den Stickstoff der Luft binden und damit die Stickstoffversorgung ihres Umfelds verbessern. Flechten reagieren sehr empfindlich auf Luftverschmutzung, vor allem auf die Belastung mit Schwefeldioxid, daher sind sie wichtige Bioindikatoren für die Schadstoffbelastung der Luft. Außerdem speichern sie radioaktive Substanzen und werden seit dem Reaktorunglück von Tschernobyl 1986 zur Beurteilung der langfristigen radioaktiven Belastung untersucht.

Früher wurden aus Flechten wertvolle Farbstoffe gewonnen, beispielsweise Lackmus, Orseille, Persio (roter Indigo) oder Cudbear. Aus dem Eichenmoos *(Evernia prunastri)*, das ungeachtet seines Namens eine Flechte ist, wird ein Parfum (Mousse de chêne) gewonnen. Die gelb gefärbte Wolfsflechte *(Letharia vulpina)* ist die einzige Giftflechte Europas, sie wurde früher zum Vergiften von Fuchs- und Wolfsködern verwendet (lat. *vulpis:* Fuchs). Diese Art findet sich häufig auf Zirbelkiefern und Lärchen sowie auf Schindeldächern und verwitterten Holzscheunen.

Sowohl die Flechtengesamtzahl als auch die Anzahl seltener und gefährdeter Arten sind in totholzreichen Naturwäldern höher als in totholzarmen Wäldern. Flechten stellen somit generell gute Indikatoren für die Naturnähe von Waldökosystemen dar. In Schweden wird aus diesem

Grund bereits ein landesweites System von Indikatorflechten bei der ökologischen Wertanalyse von Wäldern verwendet.

Für eine optimale Besiedelung von Totholz mit Flechten sind letztendlich fast dieselben Faktoren wie für Moose ausschlaggebend (siehe Seite 66) – wobei Moose die langsam wachsenden Flechten verdrängen können. Durch das extrem langsame Wachstum profitieren viele Flechten vor allem von alten, dicken Baumstämmen, die viele Jahrzehnte zur Verrottung benötigen. Die feuchten Wetterseiten der Bäume werden bevorzugt besiedelt. Zur Verbreitung ihrer Art werden an bestimmten Stellen der Flechten (den Soralen) von Pilzhyphen umsponnene kleine Gruppen von Algenzellen gebildet und mit dem Wind verdriftet. Dadurch können neue Lebensräume erobert werden. In Gärten stellen die Borke alter Bäume und unbehandelte Holzstrukturen wie Zäune, Schuppen und Pergolen wichtige Ersatzlebensräume dar, die spontan besiedelt werden. Die Wahrscheinlichkeit einer Ansiedelung ist in freier Wildbahn dabei generell wesentlich größer als im Garten.

Regelmäßige Imprägnierung von Holz und ordnungswütige Attacken an Zaunlatten und Bretterwänden mit Drahtbürste oder Hochdruckreiniger sind als vorsätzlicher Flechten- und Moosmord völlig indiskutabel.

Beispiele für typische Flechten auf Totholz sind:

- *Calicium glaucellum,*
- Formlose Becherflechte *(Cladonia deformens),*
- *Lecanora subintricata* oder
- *Mycocalicium subtile.*

Leben in Zeitlupe – die Schnecken

130 der 170 hierzulande in Wäldern lebenden Gehäuseschneckenarten sind in ihrem Vorkommen eng an Totholz gebunden. Vor allem seltene und hochgradig gefährdete Arten wie die Rötliche Daudebardie *(Daudebardia rufa)* und die Schließmundschnecken der Gattung *Macrogastra,* die aus vielen Wirtschaftswäldern bereits ganz verschwunden sind, finden sich noch immer in totholzreichen Naturwaldreservaten. Woran liegt das?

Das Gehäuse einer Schnecke ist aus Kalk (Calciumcarbonat) aufgebaut. Als dafür unverzichtbaren Baustein muss die Schnecke deshalb Calcium mit der Nahrung aufnehmen. In sauren Böden (häufig zum Beispiel in Buchenwäldern) ist wenig Kalk enthalten, vorhandener Kalk löst sich mit zunehmender Versauerung vermehrt, der Kalkgehalt nimmt noch weiter ab, gelöste Calciumionen werden vermehrt ausgewaschen und stehen der Schnecke nicht mehr zur Verfügung. Der Aufbau des Schneckengehäuses ist unter solchen Bedingungen ein großes Problem. Die Schalen werden dünn und brüchig und bieten keinen hinreichenden Schutz. In dieser kritischen Situation bietet Totholz der Schnecke gleich mehrere Vorteile:

Vor allem im Rindenbereich des Holzes ist Calcium in großen Mengen gespeichert und steht der Schnecke praktisch unbegrenzt zur Verfügung (auch beim lebenden Baum ist die Rinde reich an Mineralstoffen, beim abgestobenen Baum kommt noch das dort befindliche gut verdauliche Pilzmaterial hinzu). Vor allem dickes Totholz speichert große Wassermengen und gibt einen Teil davon kontinuierlich durch Verdunstung wieder ab. Im unmittelbaren Umfeld herrschen daher stabile Temperatur- und Feuchtigkeitsbedingungen. In diesem relativ feuchten Milieu verliert die Schnecke nur wenig Flüssigkeit, sodass sich die Gefahr einer Austrocknung reduziert. Eine weitere Gefahr für Schnecken liegt in den zunehmend sauren Niederschlägen, die in Extremfällen den pH-Wert von Essig erreichen. Bei Calciummangel bilden sich lediglich dünne, schwache Gehäuse und auch Verletzungen können mangels Calciumionen nur unzureichend repariert werden. Unter liegendem Totholz sind die Werte weit weniger extrem, das Holz kann die Säure bis zu einem gewissen Grad abpuffern und bietet so eine wertvolle Schutzzone für die kleinen Kriecher.

Gepanzerte Vielfalt – die Insekten

Da die Insekten den Löwenanteil aller Totholzbewohner stellen, sollen sie auch in diesem Buch ihren gebührenden Platz erhalten.

Insekten stehen fast konkurrenzlos an der Spitze der Artenhitparade, mehr als 80 Prozent aller mehrzelligen Lebewesen gehören zu dieser Gruppe. Über 800 000 Insektenarten sind derzeit bereits bekannt, die Anzahl der noch unbeschriebenen tropischen Arten wird auf 10 bis 100 Millionen geschätzt. Die Gruppe der Säugetiere nimmt sich mit ihren knapp 5 500 bisher bekannten Arten dagegen bescheiden aus.

Aus dem riesigen Heer der Insekten sind die Vertreter einiger Gruppen besonders häufig im Totholz zu finden: Käfer, Mücken, Fliegen, Wespen, Bienen und Ameisen.

Kleine Insektenkunde für Einsteiger

An ihrem Grundbauplan lassen sich Insekten relativ leicht erkennen: ein dreigegliederter Körper (Kopf, Brust, Hinterleib), sechs Beine und zwei Paar Flügel (die sekundär modifiziert sein können). Flügellos sind beispielsweise die Fischchen *(Zygentoma)* wie das Silberfischchen und die Felsenspringer *(Archaeognatha)* sowie einige Parasiten: Wer sich als Floh oder Laus durch einen Urwald von Haaren quetschen muss, kann nicht Rücksicht auf sperrige Flügel nehmen, daher wurden diese im Verlauf der Evolution sekundär zurückgebildet. Mehr als 150 Millionen Jahre lang dominierten Insekten den Luftraum, erst dann folgten Flugechsen, Vögel und zuletzt die Fledertiere (Flughunde und Fledermäuse).

Einer der Gründe für den Erfolg der Insekten ist ihr überwiegend aus Chitin bestehendes Außenskelett, die Cuticula, ein biologischer Vorläufer der Ritterrüstung. Die Cuticula wird durch eine hauchdünne Wachsschicht versiegelt und ist damit nahezu wasserdicht. Nass zu werden, ist kein Drama für ein Insekt, die Gefahr liegt vielmehr in der Austrocknung. Bezogen auf ihr Volumen haben Insekten vergleichsweise große Körperoberflächen, eines der Risiken bei der Eroberung des Festlandes war daher der Wasserverlust durch Verdunstung. Diese Gefahr wurde durch die Entwicklung der Cuticula wirkungsvoll gebannt. Ein

Außenskelett verbraucht meist weniger Material als ein Innenskelett, es bietet Ansatzpunkte für die Muskulatur und schützt als Panzer vor rüpelhaften Zeitgenossen und mechanischen Umwelteinflüssen. Auch die zahllosen haarförmigen Sinnesorgane, die Feuchtigkeit, Temperatur, Gerüche, Erschütterungen und Schwingungen wahrnehmen können, werden aus Chitin gebildet. Ganz nebenbei liefert das Außenskelett als Dreingabe zu den sechs Beinen geniale Fortbewegungsmittel in Form von zwei Paar Flügeln, wodurch sich der Aktionsradius eines Insekts vervielfacht. Der Monarchfalter *(Danaus plexippus)* kann auf seiner dreimonatigen Wanderung bei einer Tagesleistung von 70 bis 300 Kilometern insgesamt mehrere tausend Kilometer zurücklegen.

Ritterrüstungen wie die Chitinpanzer der Insekten haben allerdings einen kleinen Nachteil, denn in Sachen Wachstum verhalten sie sich sehr unkooperativ. Jede Insektenlarve muss sich daher im Verlauf ihrer Entwicklung in regelmäßigen Abständen häuten. Der gesamte Häutungsverlauf bis zum völligen Aushärten der neuen Cuticula ist stets aufs Neue eine der kritischsten Phasen in einem Insektenleben, ein ungepanzerter »Softie« ist ein leckerer und völlig wehrloser Leckerbissen und daher heiß begehrt. Die Reifungshäutung zum geschlechtsreifen Insekt ist der letzte Schritt, weitere Häutungen finden nicht mehr statt. Die manchmal geäußerte Behauptung, ein kleiner Käfer wäre eben noch »jung« und würde noch »wachsen«, entbehrt daher nicht einer gewissen Komik.

Ungewöhnlich ist auch das Atemsystem der Insekten, bei dem der Sauerstoff nicht frei gelöst im Blut oder an Blutkörperchen gebunden transportiert wird. Im Falle der Insekten stülpt sich die Körperwand röhrenförmig nach innen ein und bildet die sogenannten Atemröhren (Tracheen). Diese verzweigen sich in immer feinere Ästchen, die zu den einzelnen Organen und teilweise sogar direkt zu den Einzelzellen führen. Die feinsten Enden (Tracheolen) dieser Verzweigungen haben oft nur noch einen Innendurchmesser von 0,2 Mikrometer (1 Mikrometer = 0,001 Millimeter). Über paarige Atemöffnungen (Stigmen) münden die Tracheen an den Körperseiten nach außen. Die Atmung der Insekten hat daher nichts mit ihrem Kopf zu tun, ein Insekt kann seinen Kopf stundenlang unter Wasser stecken, ohne dabei zu ertrinken.

Der Grundbauplan der Insekten kann stark modifiziert sein, findet sich aber bei allen Vertretern dieser Tierklasse wieder, sodass eine Blattlaus und eine Gottesanbeterin nur bei oberflächlicher Betrachtung nichts gemeinsam haben. Auch die Größe variiert beträchtlich. Die Zwergwespen sind Eiparasitoide bei anderen Insekten, häufig bei Wanzen und Käfern (Parasiten, zum Beispiel eine Laus, schädigen ihren Wirt mehr oder weniger, Parasitoide dagegen töten ihn). Die Männchen von *Dicopomorpha echmepterygis* erreichen dabei lediglich eine »Größe« von 0,14 Millimetern. Sogar ein einzelliges Pantoffeltierchen *(Paramecium)* kann doppelt so groß sein wie dieser Winzling. Am anderen Ende der Skala steht beispielsweise der männliche Herkuleskäfer mit einer Körperlänge von kapitalen 17 Zentimetern. Deutlich länger, dafür wesentlich zierlicher, ist die südostasiatische Riesen-Stabschrecke, auch Gespenstschrecke genannt, mit maximal 36 Zentimeter Körperlänge. Historischer Spitzenreiter ist vermutlich eine Libelle *(Meganeuropsis permiana)* aus dem Perm vor etwa 290 Millionen Jahren, ihre Flügelspannweite erreichte 72 Zentimeter. Die Maximalgröße eines Insekts ist unter anderem durch die Leistungsfähigkeit des Tracheensystems begrenzt, im Perm war der Sauerstoffgehalt der Atmosphäre höher (bis zu 25 Prozent) als heute (21 Prozent) – auch deshalb konnten sich größere Formen entwickeln.

Insekten haben sich mehr oder weniger alle Lebensräume erschlossen, lediglich der Ozean ist relativ dünn besiedelt. Teilweise kommt es zu geradezu bizarren Anpassungen. Die Larve der zu den Salzfliegen gehörenden Petroleumfliege *(Helaeomyia petrolei)* lebt in den Ölsümpfen Kaliforniens in natürlich vorkommenden Rohölpfützen (Teergruben). Dort ernährt sie sich von den ins Öl gestürzten Insekten. Das Öl erreicht manchmal Temperaturen von 38 °C, ohne dass die Larve Schaden nimmt. Diese Fähigkeiten sind umso verblüffender, da Öl normalerweise ein äußerst wirksames Insektizid ist, das über die Tracheen rasch ins Körperinnere vordringt.

Mensch und Insekt

Die Bedeutung der Insekten für den Menschen ist vielschichtig.

Für viele Menschen sind Insekten hochwertige **Proteinquellen,** im asiatischen Raum ist der Verzehr von Insekten eine Selbstverständlichkeit. Europa zeichnet sich in dieser Hinsicht durch gewisse Berührungsängste aus. Wenn wir uns von unseren ausschließlich kulturbedingten (kleine Kinder verspeisen Insekten manchmal mit Begeisterung, sehr zum Entsetzen ihrer Eltern) Ekelscheuklappen befreien, könnte in diesem Bereich eine wertvolle Nahrungsquelle der Zukunft liegen. Es erscheint paradox, rohe Austern, Muscheln, Krebse, Fischeier und Schnecken in den Rang von Delikatessen zu erheben und bei Insekten alle Viere abwehrend von sich zu strecken. Insekten enthalten alle essentiellen Aminosäuren sowie Vitamine und Mineralstoffe, der Proteingehalt liegt höher als bei jedem anderen Fleisch. Sie haben kurze Generationszeiten und sind leicht zu züchten. Da sie auch auf ihren natürlichen Substraten in großen Mengen vorkommen, wäre eine »artgerechte« Haltung wesentlich einfacher zu erreichen als bei Hühnern, Rindern oder Schweinen. Auch die Energiebilanz wäre günstiger als bei der Mast von Säugetieren, beim Rind beispielsweise werden nur etwa 10 Prozent des Futters in Fleisch umgesetzt, bei Insekten etwa ein Drittel. Das Gülleproblem würde der Vergangenheit angehören, ebenso das »Doping« mit Antibiotika und Hormonen und nicht zuletzt Transport- und Schlachttraumata. Individuell betrachtet, ist eine knackige, geruchsneutrale Insektenlarve doch wesentlich appetitlicher als ein Limburger Käse oder ein Harzer Roller, alle Käsefreunde mögen mir bitte verzeihen!

Die **Europäische Honigbiene** *(Apis mellifera)* hat inzwischen Haustierstatus bei uns erlangt. Erste Darstellungen der Bienenhaltung finden sich bereits auf altägyptischen Grab- und Tempelmalereien aus der Zeit zwischen 2400 und 600 vor Christus. Auf den Feind geworfene Bienenstöcke waren vermutlich das erste Beispiel biologischer Kriegsführung. Ein durchaus erfolgreicher »Bestechungsversuch«.

Heuschreckenschwärme der Wüstenheuschrecke *(Schistocerca gregaria)* sind bereits in der Bibel mehrfach erwähnte (Exodus 10, 3 – 6, 12 – 17, 19; Jeremias 46, 23; Buch der Richter 6, 5), gefürchtete Plagen, die die Ernte ausgedehnter Regionen komplett vernichten können. Ein einziger Heuschreckenschwarm kann sich über 1 000 Quadratkilometer ausdehnen und aus unvorstellbaren 10 Milliarden Tieren bestehen. Die Schwärme bleiben tage- bis wochenlang zusammen und legen dabei bis zu 5 000 Kilometer mit einer durchschnittlichen Geschwindigkeit von 20 Kilometern in der Stunde zurück. Vor der Entwicklung der Insektizide bestand die einzig mögliche Reaktion der hilflosen Heimgesuchten in einem Appell an göttliche Unterstützung. Noch im späten 15. Jahrhundert wurden Heuschreckenschwärme als letzte Gegenmaßnahme feierlich exkommuniziert. Der Sinn dieser Maßnahme war schon damals nicht ganz unumstritten, aber Verzweiflung überwog Logik.

Die **Lackschildlaus** *(Kerria lacca)* scheidet ein orangefarbenes, harziges Sekret aus. Durch Mahlen, Waschen und Filtern entsteht daraus der »Schellack«. 1927 und 1928 verarbeiteten Großbritannien, Deutschland und Frankreich insgesamt 18 000 Tonnen Schellack zu Schellack-Schallplatten. Heute wird Schellack unter anderem als Schellackpolitur bei der Restauration von antiken Möbeln, als Lackkomponente im Geigenbau, als Bestandteil von Druckfarben und als elektrischer Isolatorlack benutzt. Das biblische »Manna« bestand vermutlich aus den zuckerreichen Ausscheidungen (Honigtau) der auf Tamariskenbüschen im Sinai lebenden Schildlausart *Trabutina mannipara.* Bereits die Azteken gewannen aus der auf Opuntien lebenden Echten Cochenillelaus *(Dactylopius coccus)* Cochenille, einen tiefroten, wertvollen Farbstoff. In Europa wurde und wird er gelegentlich immer noch in der Kosmetik, Lebensmitteltechnologie und zum Färben von Stoffen eingesetzt. Die Läuse werden von den Kakteen abgekratzt, in kochendes Wasser geschüttet, getrocknet und gemahlen. Für 50 Gramm Farbstoff braucht man etwa 140 000 Läuse.

Die nach der Eiablage von **Gallwespen** *(Cynipidae)* vom Eichenblattgewebe gebildeten Eichengallen wurden wegen ihres hohen Gerbsäuregehaltes zum Gerben von Leder genutzt. Hochwertige Tinte aus einem Galläpfelextrakt wird seit etwa 2000 vor Christus verwendet. Dabei bildet die Gallussäure mit Eisensalzen (zum Beispiel Eisensulfat) einen blauschwarzen Niederschlag, der sehr dauerhaft ist und kaum ausbleicht.

Aus dem Kokon des **Seidenspinners** *(Bombyx mori)* wird Seide gewonnen. Seide ist leicht, isoliert hervorragend und lässt sich gut färben. Sie ist die stärkste Naturfaser, ein Tau aus Seide ist etwa so zugfest wie ein Stahlkabel gleicher Dicke. Für ein einziges Seidenkleid werden bis zu 1 700 Kokons verarbeitet. Während der Herrschaft des römischen Kaisers Aurelian in den Jahren 270 bis 275 nach Christus wurde das Gewicht von Seide mit Gold aufgewogen. Die Seidenstraße, die sich von China bis zur Mittelmeerküste erstreckte, war mit etwa 10 000 Kilometer Länge eine der längsten Handelsrouten der Welt. Chinas Monopol auf die Seidenherstellung blieb jahrhundertelang ungebrochen, auf Handel oder

Transport von Eiern und Raupen des Seidenspinners außerhalb Chinas stand die Todesstrafe. Um das Jahr 555 nach Christus beauftragte der oströmische Kaiser Justinian I. zwei Mönche mit der heiklen Mission, Eier des Seidenspinners außer Landes zu schmuggeln. Die Mönche verbargen die Eier in ihren hohlen Pilgerstäben aus Bambus, diese List war tatsächlich erfolgreich. Bald verbreitete sich die Seidenkultur in ganz Europa.

Häufig geraten Insekten und der Mensch in gewisse Interessenkonflikte. So ernähren sich die Larven der Echten Motten *(Tineidae)* normalerweise von getrocknetem Aas. Die Motten bewiesen bereits in vergangenen Jahrhunderten ihr kreatives Potential, als sie sich als »Bücherwürmer« über die ersten Bände aus Pergament (Leder) in den Bibliotheken der Klöster hermachten. Manche Insektenarten sind auch als Krankheitsüberträger gefürchtet: So kann die Kleiderlaus *(Pediculus humanus humanus)* Überträgerin des Fleckfiebererregers *Rickettsia prowazekii* sein und der durch verschiedene Floharten übertragene Erreger der Pest *Yersinia pestis* infizierte Mitte des 14. Jahrhunderts mongolische Reiter in China, der Beginn einer Pandemie, die ein Drittel der gesamten europäischen Bevölkerung auslöschen sollte.

Unvorstellbar: eine Welt ohne Insekten

Wer sich nach einem Befall mit der wieder auf dem Vormarsch begriffenen Kopflaus nun möglicherweise die etwas entnervte Frage stellt, wozu dieses ganze krabblige Insektenviehzeug eigentlich gut ist, sollte die Frage einmal anders formulieren: Wie würde die Welt ohne Insekten aussehen? Viele Menschen wären von der Antwort wohl ziemlich überrascht! Der Verlust von Honig, Wachs, Schellack, Seide und frittierten Heuschrecken wäre zwar schmerzlich, aber nicht wirklich lebensbedrohlich, andere Folgen wären dagegen katastrophal.

Ohne die Tätigkeit kotfressender (koprophager) Insekten wie Käfer und Fliegen würden sich auf Weideflächen von Tieren riesige Kotmengen anhäufen und die Flächen unbrauchbar machen. Bereits eine einzige Kuh kann bis zu knapp 5 Tonnen Dung in einem Jahr produzieren und damit rein rechnerisch eine Fläche von annähernd 30 Quadratmetern bedecken. Kadaver würden lediglich vertrocknen und nicht mehr ver-

wertet werden, denn das extrem widerstandsfähige Protein (Keratin) von Haaren, Haut, Federn, Krallen, Hufen und Hörnern kann – abgesehen von bestimmten Bakterien – nur von Insekten abgebaut werden, die über ein entsprechendes Enzym, die Keratinase, verfügen.

In afrikanischen Savannen, in denen keine Regenwürmer vorkommen, wird der Boden vor allem durch die Tätigkeit von Insekten (Ameisen, Termiten oder Käfer) durchmischt und belüftet. Das Recycling von Totholz in unseren Wäldern liegt neben den Pilzen maßgeblich in den Händen beziehungsweise Kieferklauen von Insekten. In Australien übernehmen diese Rolle vor allem Termiten. Weltweit gesehen, würde sich die Bodenfruchtbarkeit beim Fehlen von Insekten verschlechtern.

Insekten sind auch entscheidende Glieder in Nahrungsketten. Ein Großteil aller Spinnenarten kann ohne Insekten nicht überleben, 40 bis 90 Prozent der Beute vieler Süßwasserfische besteht aus Insekten und deren Larven. Viele Arten von Amphibien und Reptilien, zum Beispiel unsere einheimischen Eidechsen, ernähren sich schwerpunktmäßig von Insekten. Möglicherweise könnte ein Ausweichen auf andere Wirbellose wie Schnecken, Würmer, Asseln, Hundert- und Tausendfüßer ihr Überleben sichern, wir wissen es aber nicht. Die Insektenfresser unter den Vögeln wie Spechte, Kleiber, Fliegenschnäpper, Schwalben, Mauersegler und viele andere stünden schlagartig vor dem Hungertod. Auch viele Säugetiere haben sich auf diese proteinreiche Kost spezialisiert: Spitzmäuse, Fledermäuse, Ameisenigel, Opossums, Beuteldachse, Beutelmaulwürfe, Borstenigel, Schlitzrüssler, Ameisenbären, Gürteltiere, oder Schuppentiere. Ganze Nahrungsketten würden mit dem Verlust der Insekten zusammenbrechen.

Am verheerendsten und folgenschwersten würde sich das Fehlen der Insekten aber auf die Bestäubung der nicht windblütigen Blütenpflanzen auswirken. Ohne die Übertragung des Pollens durch Insekten würden Frucht- und Samenbildung und damit die Vermehrung dieser Pflanzengruppe unterbleiben. Davon wären selbstverständlich auch viele unserer Nahrungspflanzen betroffen.

Windbrüche in Wäldern, neu gebildete Kies- und Sandbänke an Flüssen, offene Flächen nach einem Erdrutsch, Feuer oder Vulkanausbruch und sonstige freie Areale könnten nur noch eingeschränkt (ausschließlich durch windblütige Pflanzen) mittels Flugsamen besiedelt werden. Auf lange Sicht würden lediglich Selbst- und Windbestäuber (zum Beispiel alle Nadelbäume und Süßgräser) überleben, außerdem Pflanzen, die sich vegetativ, zum Beispiel durch Wurzelausläufer, vermehren. Die Folgen für Wasserhaushalt und Bodenerosion lassen sich nur schwer abschätzen, das Gesicht der Erde würde sich mit Sicherheit komplett verändern. Die betroffenen Pflanzenfresser (Herbivoren) wären zum Aussterben verurteilt, ebenso die Samen- und Früchtefresser. Den in den Nahrungsketten nachgeschalteten Fleischfressern (Karnivoren) stünde nur noch ein eingeschränktes Nahrungsangebot zur Verfügung, das Gleiche gilt für die Allesfresser (Omnivoren) wie Bären, Marder oder Schweine.

Das Ökosystem Erde ist zäh und hat globale Katastrophen wie Meteoriteneinschläge überlebt, in deren Folge etwa 90 Prozent aller Tier- und Pflanzenarten ausstarben. Irgendwann würde sich also sicher wieder ein neues Gleichgewicht etablieren. Ob der Mensch dann allerdings noch mit von der Partie wäre, ist mehr als nur fraglich. Wenigstens ein Minimum an Achtung vor der Wunderwelt der Insekten wäre also durchaus angebracht.

Zweiflügler: Fliegen und Mücken

Mit etwa 140 000 bisher bekannten Arten hat sich die Ordnung der Zweiflügler *(Diptera)* weltweit recht erfolgreich durchgesetzt. Allein in Deutschland tummeln sich etwa 10 000 Arten, die Unterordnung der Fliegen *(Brachycera)* liegt mit etwa 5 500 Arten in Führung, gefolgt von den Mücken *(Nematocera)* mit etwa 3 500 Arten.

Mücken zeichnen sich durch einen zierlichen Körperbau, schmale Flügel, lange Beine und dünne, geißelförmige Fühler aus. Fliegen sind robuster gebaut, haben breitere Flügel und kurze Fühler mit teilweise verschmolzenen Fühlergliedern.

Auf den ersten Blick sind bei Zweiflüglern nur die gut ausgebauten Vorderflügel erkennbar, die Hinterflügel scheinen komplett zu fehlen. Dieser Eindruck trügt jedoch! Bei der 4 Zentimeter langen einheimischen Riesenschnake stechen auch ohne Lupe zwei kleine trommelschlegelartige Gebilde hinter den Vorderflügeln ins Auge. Es handelt sich um die für alle Zweiflügler typischen Schwingkölbchen (Halteren), die Überbleibsel der komplett umgebauten Hinterflügel. Einen Beweis für solch einen Umbau im Verlauf der Evolution liefern die »Haustiere« der Genetiker, die Essigfliegen: Bei einer relativ häufig auftretenden spontanen Mutation dieser Fliegenfamilie bilden sich die Schwingkölbchen einzelner Essigfliegen wieder zu verkrüppelten Flügeln zurück. Während des Fluges schlagen die Schwingkölbchen im Flügelschlagrhythmus auf und ab. Bei Stechmücken zählt man beachtliche 500 Schläge pro Sekunde. Dieses schwingende System stabilisiert den Flug mechanisch. Zahlreiche Sinneszellen an der Basis der Schwingkölbchen geben dem Insekt Rückmeldung über seine Lage und Lageänderungen im Raum und ermöglichen dadurch Flugkorrekturen. Zweiflügler mit amputierten Schwingkölbchen entwickeln sich zu frustrierten Fußgängern.

Die geschlechtsreifen Fliegen und Mücken (Imagines) können mit ihren hochspezialisierten Mundwerkzeugen ausschließlich flüssige Nahrung aufnehmen, sei es durch einen Stechrüssel wie bei den allseits beliebten Stechmücken *(Culicidae)* oder durch Aufsaugen der mit Verdauungssekreten verflüssigten Nahrung. Eine komplette Rückbildung der Mundwerkzeuge im Verlauf der Evolution führt bei manchen Arten zu einer unfreiwilligen Nulldiät während ihrer kurzen Lebenszeit als Imago.

Paarung und Eiablage stehen daher notgedrungen unter einem gewissen Zeitdruck, lange, zärtliche Romanzen sind in diesem Fall nicht angesagt.

Nach den Käfern sind die Fliegen und Mücken die artenreichste Insektengruppe im Totholz. Viele Zweiflügler stellen sich erst in der Humifizierungsphase des Holzes ein, also in einem bereits sehr weit fortgeschrittenen Abbaustadium.

Beispiele für Fliegenfamilien und Mückenfamilien im Totholz sind:
- Zuckmücken, Tanzmücken, Schwarmmücken *(Chironomidae)*,
- Pilzmücken *(Mycetophilidae)*,
- Tummelfliegen, Pilzfliegen, Sohlenfliegen *(Platypezidae)*,
- Schwebfliegen *(Syrphidae)*,
- Schnaken, Stelzmücken *(Tipulidae)* und 25 weitere Familien.

Die Ernährung der Larven der auf Totholz angewiesenen Fliegen- und Mückenarten ist vielfältig. Viele Arten nutzen den zerfallenden Holzmulm, andere wie die Pilzmücken *(Mycetophilidae)* und Pilzfliegen *(Platypezidae)* besiedeln Pilzfruchtkörper oder fressen das Pilzmyzel im Holz, auch die proteinreichen Sporen der Pilzfruchtkörper sind Delikatessen für alle Interessenten. Kot und andere organische Reste in alten Käferfraßgängen werden ebenso verwertet wie die nährstoffreiche Abfallschicht unter einem Hornissennest, in der sich bald zahlreiche Fliegenmaden tummeln. Echte Motten *(Tineidae)* machen sich in alten Spechthöhlen über Haare und Federn der Nachmieter her. Diese Hinterlassenschaften bestehen aus Keratin, einem extrem schwer abbaubaren Protein, sodass zu derartigen »Haarspaltereien« nur erlesene Spezialisten mit entsprechenden enzymatischen Werkzeugen fähig sind. Bestimmte Arten der Dunkelfliegen *(Heleomyzidae)* geraten nur beim Anblick von Fledermauskot in ekstatische Verzückung, Dungfliegen *(Scathophagidae)* sind in diesem Bereich weniger spezialisiert und legen ihre Eier im Kot unterschiedlicher Tiere ab.

Auch die Gruppe der Parasitoide ist zahlreich vertreten: Schmarotzerfliegen *(Tachinidae)* haben ein ausgedehntes Wirtsspektrum, das unter anderem Raupen, Blattwespen, Käfer, Wanzen, Heuschrecken, Schaben, Fliegen und Mücken umfasst. Buckelfliegen *(Phoridae)* machen sich über die Larven von Haar- und Trauermücken her. Schneckenfliegen

(Sciomyzidae) stehen auf Schnecken, Asselfliegen *(Rhinophoridae)* auf Asseln; Blumenfliegen *(Anthomyiidae)* stehen keineswegs auf Blumen, sondern parasitieren die Brutzellen von solitären Wildbienen in alten Käferfraßgängen.

Zweiflügler können auch räuberische Ambitionen haben. Lanzenfliegen *(Lonchopteridae)* verputzen Larven, Puppen und Imagines (»erwachsene« Exemplare) von Borkenkäfern. Buckeltanzfliegen *(Hybotidae)* sind bei der Auswahl ihrer Beute recht unspezifisch und nehmen, was sie kriegen können. Tanzfliegen *(Empididae)* erbeuten auch relativ große Insekten, die Beute spielt eine wichtige Rolle bei ihrer Fortpflanzung. Vor der Paarung wird dem Weibchen ein Beutetier als »Hochzeitsgeschenk« überreicht, das während der nachfolgenden Kopulation ausgesaugt wird. Teilweise hat das Geschenk nur noch symbolischen – aber dennoch stimulierenden – Charakter, sodass auch Pflanzenteile als Beuteersatz übergeben werden können. Manchmal nimmt das Männchen die Beute nach erfolgreicher Kopulation auch wieder mit, um damit das nächste Weibchen zu erfreuen. Jagdfliegen *(Asilidae)* besitzen Stechrüssel mit sehr harten Stechborsten, die sogar die dicken Chitinpanzer von Pracht- und Rüsselkäfern durchdringen.

Schwebfliegen *(Syrphidae)* besiedeln sehr ungewöhnliche Nischen im Totholz. Arten der Gattung *Brachyopa* haben sich auf die Schleimflüsse an Rindenverletzungen spezialisiert. Sie ernähren sich dabei ausschließlich von den Pilzen und Bakterien, die sich im Saft vermehren. Einige Schwebfliegenlarven (zum Beispiel *Myolepta dubia)* leben als Filtrierer von Bakterien und Pilzen in wassergefüllten Baumhöhlen, wobei sie über ihre teleskopartig verlängerten Hinterleibsenden atmen. Die seltsam geformte, nacktschneckenartige Larve von *Microdon analis* findet man in den Nestern der totholzbewohnenden Ameisenart *Lasius platythorax*. Dort ernährt sie sich von Eiern, Larven und Puppen der Ameisen. Von den hierzulande etwa 450 einheimischen Schwebfliegenarten sind 77 Arten in ihrer Lebensweise zwingend an Totholz gebunden.

Hautflügler: Ameisen, Wespen und Bienen

Die Gruppe der Hautflügler *(Hymenoptera)* gehört mit weltweit etwa 120000 bisher bekannten Arten zu den größten Insektenordnungen. Namensgebend sind die membranösen, »häutigen« Flügel. Ähnlich wie bei einem Klettverschluss werden die kleineren Hinterflügel über eine Häkchenreihe an die größeren Vorderflügel angekoppelt. Dadurch entsteht eine funktionelle Einheit, die bei oberflächlichem Hinsehen ein einzelnes Flügelpaar vortäuschen kann. Durch ein Netz von Chitinadern werden die Flügel in einzelne »Zellen« untergliedert, die dem Systematiker wertvolle Auskünfte darüber liefern, wen er da gerade vor sich hat.

Zu den Hautflüglern zählen die Ameisen, die Wespen und die Bienen.

Von den 12 hierzulande einheimischen sozialen Wespenarten ist die größte Vertreterin, die Hornisse *(Vespa crabro)*, glücklicherweise nur wenig aggressiv und lässt sich häufig auch direkt am Nest problemlos beobachten (siehe auch Seite 93).

Von den einheimischen sozialen Wespenarten können lediglich zwei Arten für den Menschen lästig werden, die Deutsche Wespe *(Vespula germanica)* und die Gewöhnliche Wespe *(Vespula vulgaris)*. Im Gegensatz zu allen anderen einheimischen Wespenarten werden sie von Fleischwaren und zuckerhaltigen Lebensmitteln angelockt, was dann zu den klassischen Revierproblemen am Kaffeetisch führt. Zum Stich kommt es aber auch dort meist nur durch hektische und überzogene Reaktionen des Menschen, durch die sich die Wespen – häufig ja nicht ganz zu Unrecht – bedroht fühlen. Im Zweifelsfall können ehrenamtliche Wespenberater viele Vorurteile und Ängste entkräften (Adressen sind über die regionalen Naturschutzverbände erhältlich).

Aus den Reihen der Bienen stechen die staatenbildenden Hummeln in der Regel nur unmittelbar im Nest, die nicht staatenbildenden (solitären) Wildbienen so gut wie gar nicht (siehe auch Seite 98).

Lediglich die Europäische Honigbiene *(Apis mellifera)* ist in unmittelbarer Nähe ihres Stockes und vor dem Flugloch mit Vorsicht zu genießen. Bei Störung reagiert jede Bienenarbeiterin instinktiv als Leibwächterin für Königin und Brut. Auch die Honigvorräte für den Winter müssen für ein Überleben des Stocks verteidigt werden. Beim Stich einer Honigbiene wird gleichzeitig ein Cocktail aus Alarmpheromonen ausgestoßen, der als Hauptkomponente das Pheromon Isopentylacetat enthält. Pheromone dienen als kommunikative Signalstoffe zwischen Individuen einer Art, in diesem Fall als duftförmige »Alarmsirene«, die sämtliche Artgenossinnen in näherer Umgebung ebenfalls zum Angriff anstachelt und den Angreifer chemisch »markiert«. Die entsprechende Botschaft lautet sinngemäß: »Schnappt euch den Schweinehund, Mädels!«. Der entsprechende Alarmduft kann sogar vom Mensch als bananenartiges Aroma wahrgenommen werden (falls ein Mensch in dieser Situation tatsächlich noch die Nerven

Wer kann stechen?

Bei einigen Gruppen der Hautflügler hat sich der Stachel des Eiablegeapparats zu einem Wehrstachel weiterentwickelt, aus diesem Grund stechen ausschließlich die Weibchen dieser Hautflüglergruppen.

Die Pflanzenwespen *(Symphyta)* sind in dieser Hinsicht harmlos. Sie besitzen keine »Wespentaille« zwischen Brust und Hinterleib. Generell gilt: wo keine Taille, da bitte auch keine Panik! Bei den Wespenarten mit Taille, den Taillenwespen *(Apocrita)*, gibt es zwei Gruppen: die Legimmen *(Terebrantia)* und die Stechimmen *(Aculeata)*. Die Larven der Legimmen haben ausnahmslos eine parasitoide Lebensweise und der Mensch gehört definitiv nicht zu ihren Wirten. Die Gruppe der Stechimmen zeichnet sich durch einen giftigen Wehrstachel aus, der aber meistens (zum Beispiel bei Grabwespen und Wegwespen) nur zum Lähmen der Beute verwendet wird.

Somit kommen für ernsthafte »stichhaltige« Argumente letztendlich nur die Vertreter der staatenbildenden Hautflügler in Frage, die ihre Wehrstachel vor allem bei der Verteidigung des Nestes einsetzen. Staaten bilden die sozialen Bienen (Hummeln, Honigbiene sowie einige Furchenbienen), die Echten Wespen (zum Beispiel die Hornissen) und die Ameisen.

Außerhalb dieser Gruppen war ein komplexes Sozialverhalten lange Zeit nur noch bei den mit den Schaben verwandten Termiten bekannt. Vor Kurzem wurden ähnliche Sozialstrukturen jedoch auch bei den Blasenläusen *(Pemphigidae)*, die zu den Blattläusen gezählt werden, und den Fransenflüglern *(Thysanoptera)* entdeckt.

haben sollte, in aller Ruhe zu schnuppern). Hier liegt die Ursache für einen originellen »Übersetzungsfehler« der Bienen: Unverantwortlicherweise riechen nämlich auch Bananen nach Banane! Falls Sie sich also mit Ihrer Matschbanane oder Ihrem Bananenshake, nichts Böses ahnend, neben das Flugloch eines Bienenstocks stellen, werden Sie einen massiven »Fehlalarm« auslösen, weil Sie unwissentlich das entsprechende Alarmpheromon imitieren. Die Bienen »hören« diese Alarmsirene, schwärmen Hals über Kopf aus dem Flugloch und spulen automatisch ihr genetisch fixiertes Programm ab. Halten Sie also mit Ihrer Banane respektvollen Abstand zum Bienenstock, jede Honigbiene opfert beim Stich schließlich ihr Leben, weil dabei der komplette Stechapparat aus ihrem Hinterleib gerissen wird. Wenn Sie einen angemessenen Abstand zum Stock mit seinen kostbaren Vorräten an Honig und Brut halten, wird sich auch eine Honigbiene nach dem altbewährten Grundprinzip »leben und leben lassen« richten.

Die Hautflügler sind also deutlich besser als ihr Ruf und wir sollten uns beim Umgang mit ihnen eine gewisse Gelassenheit zulegen.

Ameisen

Ameisen zählen zu den staatenbildenden Hautflüglern, wobei nur die Geschlechtstiere geflügelt sind. Nach der Paarung bricht das Weibchen seine Flügel aktiv ab und lebt in der Zeit bis zum Schlüpfen der ersten Arbeiterinnen ausschließlich von der nicht mehr benötigten Flugmuskulatur. Weltweit wurden bisher etwa 11 000 Ameisenarten beschrieben, verglichen damit ist die Artenzahl in Mitteleuropa mit etwa 175 Arten und hierzulande mit etwa 90 Arten gering.

Von den hierzulande vorkommenden Ameisenarten haben etwa 30 eine sehr enge Bindung an Totholz. Im Gegensatz zu vielen anderen Insekten nützen Ameisen Totholz nicht als Nahrung, sondern legen dort bevorzugt ihre Nistbauten an. Durch die Anlage von Gangsystemen und die Zerkleinerung des Holzes beschleunigen Ameisen den Recyclingprozess des Totholzes. Die kleinen und volksschwachen Leptothorax-Arten werden in der Regel vollkommen übersehen. Kleine am Boden liegende Äste mit nur einem einzigen, winzigen Eingang beherbergen oft eine komplette Kolonie mit einigen hundert Tieren.

Unverwechselbar sind die Kartonnester der Glänzendschwarzen Holzameise *(Lasius fuliginosus)*, die häufig in morschen, hohlen Baumstämmen angelegt werden. Als Baustoff dient zerkautes Holz, das intensiv mit Honigtau durchtränkt wird. Diese zuckerreichen Ausscheidungen von Blattläusen werden von den Ameisen in ihren Kröpfen gesammelt. Nahezu 50 Prozent der Trockenmasse dieses Kartons besteht daher aus Zucker. Was zunächst als schwer nachvollziehbare Verschwendung erscheint, hat einen praktischen Hintergrund. Dieser »Ameisenkarton« bietet optimale Wachstumsbedingungen für bestimmte Pilze aus der *Ascomycota*-Gruppe. Die nach und nach entstehenden Hyphengeflechte des Pilzes verleihen den dünnen Kartonwänden zusätzliche Stabilität, der Pilz bewährt sich hierbei als erfolgreicher Innenarchitekt.

Die kapitalen Rossameisen der Gattung *Camponotus* können dagegen mit ihren kräftigen Kiefern ausgedehnte Gangsysteme in lebendes oder totes Holz nagen. In Nordamerika kommt es daher immer wieder zu einem Interessenkonflikt mit den Besitzern von in Waldnähe gelegenen Holzhäusern, die von den Ameisen in toleranter Aufgeschlossenheit ebenfalls als Nistplätze genutzt werden. Manche Hausbesitzer wissen diesen unermüdlichen Einsatz allerdings kaum zu würdigen. Bei der Schwarzen Rossameise *(Camponotus herculeanus)*, die vor allem in hochgelegenen, intakten Fichtenaltbeständen vorkommt, kann sich die Nistanlage im Stamm über eine Höhe von 10 Metern erstrecken. Von außen sind diese Nester oft durch die gehäuft auftretenden Löcher des Schwarzspechts zu erkennen, der dort geradezu paradiesische Zustände vorfindet.

Die hügelbauenden Waldameisen der Gattung *Formica* legen ihre Nester dagegen fast ausnahmslos über alten Baumstubben an. Aus Sicht der Forstwirtschaft sind diese Arten sehr bedeutsam, denn die Ameisenbrut wird mit eiweißreicher Nahrung gefüttert, häufig in Form von Insekten und deren Larven. Ein starkes Ameisenvolk kann dabei täglich bis zu 10 000 Larven der Kleinen Fichtenblattwespe erbeuten. Vor allem standortfremde Fichten- und Kiefernmonokulturen sind ökologisch instabil und damit anfällig für den Massenbefall mit »Forstschädlingen« wie der Kleinen Fichtenblattwespe. Das eigentliche Problem sind hierbei die vom Menschen geschaffenen, katastrophalen ökologischen Rahmenbedingungen und nicht die Insekten! Bei einem Massenbefall mit Forstschädlingen können die »Erntebereiche« von Waldameisenkolonien schon aus der

Luft erkannt werden. Sie bilden grüne Inseln im sonst oft völlig kahl gefressenen Umfeld. Wichtige Forstschädlinge, die von Waldameisen dezimiert werden, sind Schmetterlinge wie Kiefernspanner, Forleule, Nonne, Kiefernspinner, Pinien-Prozessionsspinner und verschiedene Frostspannerarten wie der Kleine Frostspanner, Kiefernbuschhornblattwespe, Kleine Fichtenblattwespe oder Kiefern-Gespinstblattwespe.

Ökologisch bedeutend ist auch der Schutz von Pflanzenläusen durch Ameisen. Ausscheidungen von Rinden- und Blattläusen (Honigtau) werden nämlich nicht nur von Ameisen, sondern von über 200 anderen Insektenarten verwertet. So verdoppelt sich in ameisenreichen Beständen die Produktion von Waldhonig durch die Honigbiene. Die Bautätigkeit der Ameisen führt auch zu einer Bodenverbesserung in der Nähe der Ameisennester. Die Versauerung des Bodens nimmt ab, die Krümelstruktur verbessert sich. Häufig entwickelt sich daher in der Nähe des Ameisennests eine üppig wuchernde Krautschicht. Ameisen sorgen außerdem für die Verbreitung vieler Pflanzen (Veilchen, Schneeglöckchen, Ehrenpreis, Schöllkraut, Wachtelweizen oder Lerchensporn). Deren Samen

Die Rote Waldameise: Das Zentrum einer Ameisenkolonie ist fast immer ein abgestorbener Baumstumpf.

bilden nährstoffreiche Anhängsel (Elaiosome) und werden daher von den Ameisen verschleppt und dadurch verbreitet. Die abgeknabberten Samen werden außerhalb des Nestes abgelegt und können dort keimen.

Ameisenbauten sind geschützte, gut bewachte Systeme mit stabilen klimatischen Bedingungen und reichhaltigen Nahrungsquellen. Eine ganze Reihe von Insektenarten hat sich deshalb auf diesen Lebensraum spezialisiert, die sogenannten »Ameisengäste« (Myrmecophile). Dazu gehören unter anderem Spinnen, Kurzflügelkäfer, Glanzkäfer, Bläulingsraupen, Schwebfliegenlarven, Ameisengrillen und die Larven von Blattkäfern. Manche Ameisengäste missbrauchen die Gastfreundschaft und verputzen in aller Seelenruhe Larven und Puppen des überlisteten Gastgebers, andere werden wie Mitglieder des eigenen Volkes behandelt und von den Ameisen gefüttert. Da Eindringlinge in einem Ameisennest normalerweise gnadenlos massakriert werden, ist aus Sicht der Invasoren eine gewisse Kreativität beim Erstkontakt erforderlich. Häufig werden daher tarnende Duftsekrete oder Drüsensekrete eingesetzt, die von den Nestbewohnern begeistert aufgeleckt werden. Wer es erst einmal geschafft hat, sich erfolgreich in das Nest einzuschmuggeln, steht unter dem Schutz der gesamten Ameisenkolonie, ein nicht zu unterschätzender Überlebensvorteil.

Ameisenhaufen unter der Haube?

Ameisenhaufen unter die (Maschendraht-)Haube zu bringen, hat sich auf Dauer nicht bewährt und widerspricht einem ökologischen Gesamtkonzept. Als Schutz vor Zerstörung der Nester durch Wildschweine kann ein Gatter aus vier Pfosten und je zwei bis drei quer angebrachten Holzstangen errichtet werden. Im Gegensatz zum Maschendraht wird der Specht, für den Ameisen eine wertvolle Nahrung darstellen, durch diese Maßnahme nicht behindert. Umsiedelungen einzelner Kolonien können sinnvoll sein, eine generelle künstliche Ansiedelung von Völkern zeichnet sich jedoch durch eine sehr hohe Verlustrate von 50 bis 80 Prozent aus. Der Verzicht auf die mutwillige Zerstörung von Ameisenhaufen sollte für jeden Naturfreund eine Selbstverständlichkeit sein. Bei allen Fragen zu Biologie und Schutz der Waldameisen ist die Deutsche Ameisenschutzwarte e. V. ein kompetenter Ansprechpartner.

Wespen

Totholz bietet Lebensraum für Goldwespen, Keulenwespen, Echte Schlupfwespen, Holzwespen, Grabwespen, Wegwespen und Echte Wespen. Diese Gruppen und einige ihrer Vertreter werden im Folgenden kurz näher beschrieben.

Goldwespen

Goldwespen *(Chrysididae)* bestechen durch ihre prächtigen, metallisch schimmernden Farben. Alle hierzulande vorkommenden 102 Arten sind Parasitoide bei solitären Bienen und Wespen. Goldwespen sind daher häufige Besucher an Nisthilfen für Wildbienen.

Hauptwirte der Gewöhnlichen Goldwespe *(Chrysis ignita)* sind solitäre Faltenwespen der Gattung *Ancistrocerus,* die häufig an Nisthilfen vorkommen.

Die Goldwespenart *Pseudomalus auratus* schmarotzt bei verschiedenen Grabwespengattungen in morschem Holz, Brombeer- und Himbeerzweigen sowie in Nisthilfen.

Keulenwespen

Keulenwespen *(Sapygidae)* leben als Parasitoide bei solitären Wildbienen.

Hauptwirt der Keulhornwespe *(Sapyga clavicornis)* ist die in Nisthilfen häufige Hahnenfuß-Scherenbiene. Auch die ebenfalls an Nisthilfen häufige Rote Mauerbiene wird parasitiert. Die Wespe legt ihre Eier sowohl in leere Brutzellen der Biene als auch in bereits mit Pollen bestückte Brutzellen ab. Die schlüpfende Wespenlarve saugt zunächst das Bienenei aus und ernährt sich dann vom Pollen-Nektar-Gemisch in der Brutzelle. Falls versehentlich mehrere Keulhornwespenlarven in derselben Brutzelle schlüpfen, verfahren sie nach dem Motto »es kann nur einen geben«.

Hauptwirt der Keulenwespenart *Sapygina decemguttata* ist die Gewöhnliche Löcherbiene, ebenfalls ein Stammgast an allen Nisthilfen. Speziell unter den künstlichen Bedingungen einer Nisthilfe können sich große Bestände an Parasitoiden entwickeln, wodurch es zu einem vorübergehenden Zusammenbruch des Nisthilfenwildbienenbestandes kommen kann. Damit reduziert sich auch der Parasitoid selbst und der Kreislauf beginnt von vorne, ein Eingriff durch den Menschen ist nicht erforderlich.

Echte Schlupfwespen

Echte Schlupfwespen *(Ichneumonidae)* sind allein in Mitteleuropa mit über 4000 Arten vertreten und noch unzureichend erforscht. Schlupfwespen leben ausschließlich als Parasitoide bei anderen Insekten oder Insektenlarven.

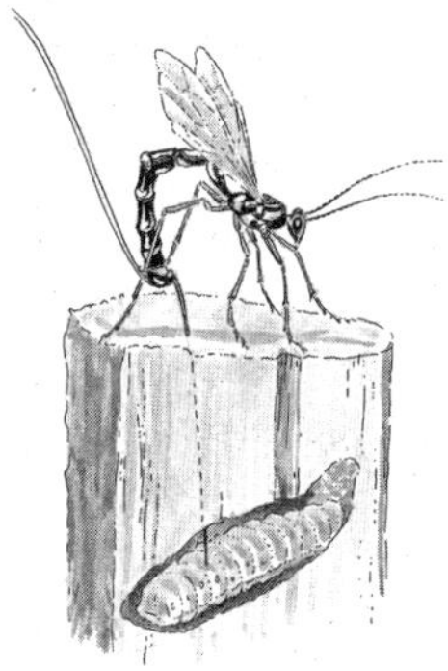

Eine Holzschlupfwespe: Mit ihrem Legebohrer kann sie bis zu 4 Zentimeter tief in massives Holz eindringen.

Die Holzschlupfwespe *(Rhyssa persuasoria)* parasitiert an den Larven der Riesenholzwespe *(Urocerus gigas)*. Angelockt wird sie durch Duftstoffe, die der in den Bohrgängen wachsende Pilz *(Amylostereum spec.)* verströmt. In unmittelbarer Nähe der Larve ist die Luftfeuchtigkeit und damit die Intensität des Duftes am stärksten, verblüffenderweise kann die Schlupfwespe die Larve auf diese Weise selbst durch massives Holz präzise orten. Im Verlauf einer halben Stunde bohrt sie ihren 4 Zentimeter langen Legebohrer genau ins Ziel, lähmt die Larve mit einem Stich und legt ein Ei auf der Larve ab, das deren Schicksal endgültig besiegelt.

Die Schlupfwespenart *Pseudorhyssa maculicoxis* parasitiert ebenfalls gerne an der Riesenholzwespenlarve, steht dabei aber vor einem grundsätzlichen Problem. Ihr Legestachel ist viel zu fein, um mehrere Zentimeter dickes Holz durchdringen und bis zur Larve vorstoßen zu können. Deshalb wartet sie, bis ihr eine Holzschlupfwespe diese Knochenarbeit abgenommen hat. Erst jetzt kann sie ihren Legestachel problemlos durch den bereits bestehenden Holzkanal schieben und nun ihrerseits ein Ei ablegen. Ihre Larve tötet zunächst die Larve der Holzschlupfwespe und kann sich dann in aller Ruhe über die Larve der Riesenholzwespe hermachen. Ein solches Verhalten wird als Kleptoparasitismus bezeichnet.

Holzwespen

Die geflügelten Weibchen der Holzwespen *(Siricidae)* nehmen keine Nahrung zu sich und leben daher nur einige Tage. Sie legen ihre Eier mit einem Legebohrer 6 bis 10 Millimeter tief ins Holz ab, meist befinden sich mehrere Eier in einem Stichkanal. Ein Weibchen kann mehrere hundert

Eier abgelegen. Die meisten Holzwespenarten entwickeln sich in Nadelhölzern, lediglich die Gattung *Tremex* ist auf Laubhölzer spezialisiert.

Die Riesenholzwespe *(Urocerus gigas)* ist mit 45 Millimeter Länge einer der größten und beeindrucktesten Hautflügler hierzulande. Ihr Legestachel kann furchteinflößend wirken, wobei es sich dabei lediglich um ein Präzisionsinstrument zur Eiablage handelt. Für einen Stich durch menschliche Haut ist dieser Stachel völlig untauglich! Bei der Eiablage überträgt das Weibchen einen Pilz *(Amylostereum spec.)* in den Bohrgang, die Larven fressen im Verlauf ihrer Entwicklung das vom Pilz bereits teilweise aufgeschlossene Holz.

Grabwespen

Von den hierzulande etwa 250 einheimischen Arten der Grabwespenfamilie *Crabronidae* nisten die meisten Arten im Erdboden, etliche nutzen aber auch verlassene Fraßgänge im Holz oder nagen selbst Gänge in morsches Holz (Gattung *Ectemnius)*. Die geschlechtsreifen Fluginsekten ernähren sich in der Regel von Blütennektar, ihre Brutzellen bestücken sie dagegen mit Insekten oder mit Insektenlarven (ganz selten auch mit Spinnen), die sie jeweils durch einen Stich lähmen. Vor dem Verschließen ihrer Brutzelle legt die Wespe ein einzelnes Ei ab. Im Verlauf ihrer Entwicklung verzehrt die geschlüpfte Wespenlarve den gesamten Nahrungsvorrat und verpuppt sich anschließend. Das Spektrum der Beutetiere zieht sich fast durch das gesamte Insektenreich und ist jeweils typisch für eine Grabwespenart. Erbeutet werden unter anderem Heuschrecken, Grillen, Wanzen, Blattläuse, Blasenfüße (Thripse), Schmetterlings- und Blattwespenraupen, Mücken, Fliegen und solitäre Bienen. Viele Arten bevorzugen sonnige Stellen, wo sie auch gerne Nisthilfen besiedeln.

Die Grabwespenart *Passaloecus corniger* nutzt Holzfraßgänge und Nisthilfen. Die Wände ihrer Brutzellen bestehen aus Harz. Diese Art stibitzt mit Vorliebe Blattläuse aus bereits bestückten Brutzellen von anderen *Passaloecus*-Arten. Besonders gut lässt sich dieses Verhalten in Beobachtungsnistkästen verfolgen, fast fertig verproviantierte Brutzellen werden innerhalb kürzester Zeit wieder komplett leer geräumt.

Die Spinnengrabwespe *(Trypoxylon figulus)* nutzt Holzfraßgänge, Nisthilfen und Reetdächer. Sie ist auf den Fang von Spinnen spezialisiert. Bei günstigen Nistgelegenheiten kann diese Art massenweise vorkommen.

Wegwespen

Wegwespen *(Pompilidae)* kommen hierzulande mit etwa 100 Arten vor. Ihre Lebensweise ist ähnlich wie die der Grabwespen, als Beutetiere für die Larven werden aber ausschließlich Spinnen eingetragen. Jede Brutzelle wird mit nur einer Spinne bestückt, die für die komplette Entwicklung der Wespenlarve ausreicht. Zum besseren Transport werden manchmal einige oder alle der sperrigen Spinnenbeine abgebissen. Typisch für Wegwespen ist das »hektische«, immer wieder von hüpfenden Kurzflügen unterbrochene Umherlaufen der Wespen mit schwirrenden Flügeln.

Die Tönnchenwegwespe *(Auplopus carbonarius)* baut zylinderförmige Nester aus mit Speichel vermischtem Lehm. Ihre Nistzellen legt sie in Hohlräumen, Holzfraßgängen und Schneckenhäusern an, teilweise auch frei an Steinen, Holz und Mauern. Sie erbeutet Sackspinnen und Glattbauchspinnen.

Die Kuckuckswegwespe *(Ceropales maculata)* überfällt Wegwespenweibchen verschiedener Gattungen, die bereits eine Spinne erbeutet und gelähmt haben. Während eines kurzen Ablenkungskampfes schiebt die Wespe ihr Ei in die spaltförmige Öffnung der Fächerlunge der Spinne, wo es komplett verschwindet. Die rechtmäßige Spinnenbesitzerin legt nun ebenfalls ein Ei auf der Spinne ab und verschließt, nichts Böses ahnend, ihre Brutzelle. Die als Erste schlüpfende Parasitoidenlarve tötet zunächst die Wirtslarve und eventuell vorhandene Artgenossen, danach steht dem Spinnenschmaus nichts mehr im Wege.

Die Wegspinnenart *Dipogon bifasciatus* nutzt Holzfraßgänge und Nisthilfen (Beutetiere sind Krabbenspinnen). Als eine der wenigen Wegwespen errichtet diese Art Linienbauten mit bis zu 6 Brutzellen hintereinander. Ihre Beutetiere sind Krabbenspinnen.

Echte Wespen

Von allen Echten Wespenarten *(Vespinae)* ist die Hornisse *(Vespa crabro)* am stärksten an Totholz gebunden. Die im Herbst befruchteten Weibchen (Königinnen) überwintern unter loser Rinde oder in morschen Baumstämmen, das Nest wird bevorzugt in Baumhöhlen angelegt. Als Baumaterial dient zerkautes, mit Speichel vermengtes morsches Holz, das fast vollständig aus Zellulose besteht und klümpchenweise mit den Kieferzangen (Mandibeln) zum Nest transportiert wird. Dort wird jedes

Materialklümpchen zu einem Streifen von 3 bis 5 Zentimeter Länge und 3 bis 5 Millimeter Breite ausgeformt. Durch die unterschiedlichen Herkunftsquellen des Baumaterials setzt sich das Nest aus zahllosen schmalen Querstreifen unterschiedlicher Färbung zusammen. Weichhölzer wie Weide und Pappel werden beim Nestbau bevorzugt. Auch hierbei ist das Vorhandensein von morschem Totholz wichtig.

Ein Hornissennest: Hornissen errichten ihre Nester bevorzugt in Baumhöhlen (Abbildung angeschnitten, ohne Außenhülle dargestellt).

Das Anbringen von Nistkästen ist eine sinnvolle Schutzmaßnahme, erste Priorität sollte aber immer der Schutz der natürlichen Lebensräume haben. Zu Stichen kommt es meist nur in unmittelbarer Nähe des Nestbereiches und selbst dort sehr selten, Hornissen sind nicht aggressiv. In Problemfällen kann ein Nest umgesiedelt werden, die Adressen von entsprechenden Fachleuten lassen sich bei den regionalen Naturschutzverbänden erfragen. Häufig reicht aber bereits ein klärendes Gespräch, um die bestehende »Gefahr« zu relativieren.

Als Lebensräume werden artenreiche Mischwälder und Parks mit natürlichen Baumhöhlen bevorzugt. Blütenreiche und damit insektenreiche Hochstaudenfluren sind ergiebige Jagdgründe für die Hornisse. Die ausgewachsenen Hornissen ernähren sich von Baumsäften, dabei beißen sie häufig die jungen Triebe mit ihren Kieferzangen auf, um an den Saft zu gelangen. Eiche, Esche und Birke werden bevorzugt, aber auch Weide, Erle, Pappel, Flieder und Birnbaum werden angenommen. An flachen, scheibenförmigen Blüten, die auch ohne langen Rüssel zugänglich sind, können die Hornissen auch Nektar aufnehmen (zum Beispiel von Berberitze, Faulbaum, Zwergmispel). Auch der Saft reifer Früchte dient als Nahrungsquelle, im Gegensatz zu manchen Wespen haben Hornissen aber niemals Interesse an unserem Kaffeetisch. Ihre

Larven füttern Hornissen ausschließlich mit Eiweiß, erbeutet werden hierfür unter anderem Fliegen, Wespen, Honigbienen, Libellen, Nachtfalter und Heuschrecken. In der Regel wird nach Abzwicken von Kopf und Hinterleib nur der Brustabschnitt der Beute verfüttert. Dieser wird bei den Fluginsekten komplett von der Flugmuskulatur ausgefüllt, Protein in Reinform. Außerdem werden Raupen von Schmetterlingen und Blattwespen erbeutet. Im Unterschied zu allen anderen Wespen jagen Hornissen auch nachts und erbeuten dämmerungs- und nachtaktive Insekten. Dabei können sie sich in unsere beleuchteten Wohnungen verirren. Auf dem Höhepunkt der Nestentwicklung im September bevölkern 600 bis 700 Hornissen das Nest, ein Volk der Deutschen Wespe *(Vespula germanica)* kann dagegen aus bis zu 7 000 Tieren bestehen. Der Zyklus eines Hornissenstaates erstreckt sich vom Auftauchen der überwinterten Königin Anfang Mai bis zum Absterben der Arbeiterinnen im Oktober.

Unter dem Hornissennest reichert sich eine dicke Schicht aus Kot, Beuteresten, toten Larven, Puppen und Arbeiterinnen an und bildet einen eigenen, nährstoffreichen Lebensraum. Dort finden sich unter anderem der Hornissenkäfer *(Velleius dilatatus)* und seine Larven sowie zahlreiche Fliegenmaden, deren Parasitoide und Insektenreste fressende Speckkäfer. Ein kleiner Insektenkosmos für sich.

Bienen

In Deutschland leben etwa 550 Wildbienenarten, in der Schweiz 580 Arten und in Österreich 650 Arten. Dennoch denken fast alle Menschen beim Begriff »Biene« zunächst spontan an die Europäische Honigbiene *(Apis mellifera)*. Dabei schlägt gerade sie in vielerlei Hinsicht völlig aus der Art. Ihr komplexer Sozialstaat aus bis zu 80 000 Tieren findet sich ansatzweise nur noch bei den Hummeln und einigen Schmalbienenarten (Furchenbienen) der Gattung *Lasioglossum*. Alle anderen einheimischen Bienenarten leben allein (solitär).

Der »Staat« dieser Arten besteht lediglich aus einem befruchteten Bienenweibchen, der Königin, die sich als alleinerziehende Mutter notgedrungen selbst um alles kümmern muss. Sie baut die Brutzellen, trägt Pollen und Nektar ein, legt jeweils ein Ei auf diesem Futtervorrat ab und verschließt die Zellen. Etwa 70 Prozent aller einheimischen

Wildbienenarten nisten im Erdboden, der Rest in bereits vorhandenen oder selbst geschaffenen Hohlräumen. Seine kurze Lebenszeit widmet das Weibchen ausschließlich der Sorge um den Nachwuchs. Da es bereits nach wenigen Wochen stirbt, haben beide Generationen keinerlei Kontakt miteinander, die Jungen schlüpfen erst Wochen oder Monate nach dem Tod des Weibchens. Eine Wildbienenlarve verzehrt zunächst den kompletten Futtervorrat ihrer Brutzelle, erst am Ende der Larvenzeit wird der bis dahin angesammelte Kot abgesetzt. Die Zeit bis zum Schlüpfen und je nach Art auch den Winter übersteht sie als sogenannte Vorpuppe (Ruhelarve). Während dieser Zeit ist ihr Stoffwechsel drastisch reduziert und es findet keine Weiterentwicklung statt (Diapause). Die Verpuppung erfolgt erst einige Wochen vor dem Schlüpfen.

Während seiner kurzen Lebensspanne kann ein Wildbienenweibchen lediglich 20 bis 40 Brutzellen anlegen. Nicht alle Bienenlarven überleben, Schimmelpilze fordern ihren Tribut, Bienenlarven und das nährstoffreiche Pollen-Nektar-Gemisch in den Zellen locken eine ganze Reihe von Interessenten an, die in die Brutzellen eindringen und sich dort entwickeln: Ölkäfer, Buntkäfer oder Wollschweber. An Wildbienennisthilfen stößt man häufig auf *Cacoxenus indagator*, einen Vertreter der Taufliegen. Charakteristisch für den Befall mit dieser kleinen Fliege sind die spaghettiartig ineinander verschlungenen, fädigen Kotschnüre der Larven. Auch viele Wespen zeigen ein reges Interesse an ihrer Wildbienenverwandtschaft: Schlupfwespen, Schmalbauchwespen, Erzwespen, metallisch schillernde Goldwespen und Keulenwespen. An künstlichen Nisthilfen mit ihrer manchmal unnatürlich hohen Dichte an Brutzellen können sich die Keulenwespenarten *Sapyga clavicornis* und *Sapyga decemguttata* so stark vermehren, dass die Wirtspopulation vorübergehend zusammenbricht.

Verglichen mit einer Eiproduktion von maximal 40 Stück im gesamten Wildbienenleben erscheint die Legeleistung einer Königin der Honigbiene mit bis zu 2 000 Eiern täglich geradezu astronomisch. Diese Akkordproduktion hat jedoch ihren Preis, die Königin ist ohne die Pflege durch ihre Arbeiterinnen nicht lebensfähig. Sie kann weder Nektar und Pollen sammeln noch Wachs produzieren und Waben bauen oder ihre Brut füttern. Ihre einzige Lebensaufgabe besteht in der ununterbrochenen Eiablage. Da bei der Honigbiene ein Teil der Arbeiterinnen zusammen mit der

Königin überwintert, wird durch Wasserentzug und Drüsensekrete haltbar gemachter Nektar, der Honig, als Wintervorrat in den Waben aus Wachs eingelagert. Wildbienen produzieren generell keinen Honig und mit Ausnahme der Hummeln auch keine Brutzellen aus Wachs.

Während die Honigbiene bis auf den Winter das ganze Jahr über aktiv ist, findet man die einzelnen Wildbienenarten nur zu bestimmten Zeiten im Jahr. Jeder Art steht nur ein Zeitfenster von wenigen Wochen zur Verfügung, dadurch verringert sich die Nahrungskonkurrenz. Einige Sandbienen erscheinen bereits Ende Februar, die Efeu-Seidenbiene *(Colletes hederae)* dann erst im Herbst. An Nisthilfen im Siedlungsraum ist die Gehörnte Mauerbiene *(Osmia cornuta)* der typische Frühjahrsbote. Wenn auf meinem Balkon im März die ersten Männchen der Gehörnten Mauerbiene ihre Köpfe mit der typischen weißen Gesichtsbehaarung aus den Niströhren strecken, kann ich endgültig aufatmen: Der Winter ist wieder einmal überstanden!

Typische Wildbienenarten im Totholz lassen sich nach der Art der Besiedelung in zwei Gruppen unterscheiden: in die Zimmerer und in die Folgebesiedler. Die erste Gruppe nagt ihre Brutzellen selbst in morsches Holz, die zweite Gruppe besiedelt bereits vorhandene Fraßgänge anderer Arten.

Besonntes, aufrecht stehendes Totholz wird immer bevorzugt besiedelt. Im Umfeld müssen die entsprechenden Nahrungspflanzen mit Pollen und Nektar in ausreichenden Mengen vorhanden sein (zum Selbstbau von Nisthilfen für Wildbienen siehe ab Seite 133).

Zimmerer unter den totholzbesiedelnden Wildbienen sind Wald-Pelzbiene *(Anthophora furcata)*, Schwarzbürstige Blattschneiderbiene *(Megachile nigriventris)* oder Blauschwarze Holzbiene *(Xylocopa violacea)*. Folgebesiedler und Hohlraumbesiedler sind Gewöhnliche Maskenbiene *(Hylaeus communis)*, Garten-Blattschneiderbiene *(Megachile willughbiella)*, Rote Mauerbiene *(Osmia bicornis)*, Gehörnte Mauerbiene *(Osmia cornuta)* oder Hahnenfuß-Scherenbiene *(Osmia florisomnis)*.

Friedliche Nektarnipper

Im Folgenden noch eine Bemerkung zur »Stechlust« der Wildbienen. Im Gegensatz zur Honigbiene reagieren Wildbienen auf Bedrohung so gut wie immer mit Flucht, und das zeugt von tiefer Weisheit! Diese pazifistische Grundhaltung entspringt pragmatischen Überlegungen: Die meisten kleineren Arten haben wenig Chancen, die zähe Haut eines Säugetiers mit ihrem Stachel zu durchdringen, genauso gut könnten Sie versuchen, mit einer normalen Nähmaschine Lederhosen zu nähen. Warum also sinnlos Energie in einem Angriff verpulvern, der sowieso nie von Erfolg gekrönt sein kann? Außerdem besteht für das Bienenweibchen bei jedem Angriff die Gefahr, verletzt oder getötet zu werden. Die Königin einer solitären Wildbienenart kann sich nicht hinter einem Volk aus zahllosen Arbeiterinnen verschanzen wie eine Honigbienenkönigin, sie steht selbst permanent an der Front und ist absolut unersetzlich. Es gibt ja schließlich niemand anderen! Stirbt die Königin, verliert sie jede Möglichkeit, sich fortzupflanzen und ihr genetisches Material weiterzugeben. Also wird sie sich tunlichst hüten, sinnlos ihren Hals in irgendwelchen selbstmörderischen Attacken zu riskieren!

Die Nester der Wildbienen sind klein, verstreut und unauffällig, und im Gegensatz zur Honigbiene bergen sie keine üppigen Honigvorräte. Da ein großer Angreifer sowieso nicht abgeschreckt werden kann, ist es aus Sicht der Wildbiene sinnvoller, die Zerstörung eines Nests zuzulassen und an anderer Stelle neu zu beginnen. Durch die räumliche Trennung und Verteilung der Nester wird das Risiko eines Totalverlustes minimiert, zumindest einige Brutzellen werden immer unbeschadet bleiben. Ein Mangel an Aggressivität ist also ein wesentlicher Überlebensvorteil für jede Wildbiene und zeugt von gesundem Bienenverstand. Um diese eingefleischten Pazifisten dennoch zum Stechen zu bringen, müssen Sie schon schwere Geschütze auffahren, zum Beispiel, indem Sie ein etwas größeres Exemplar gewaltsam gegen eine nackte Hautstelle drücken. Wenn dem Bienchen bei einem derart rüden Vorgehen dann endgültig der Kragen platzt, ist das doch wirklich nachvollziehbar!

Wenn Sie also das nächste Mal einen dieser kleinen Nektarnipper bei der Arbeit beobachten, seien Sie unbesorgt: Eine Wildbiene wünscht sich nichts sehnlicher, als in Ruhe gelassen zu werden, erfüllen Sie ihr diesen Wunsch und lassen Sie das kleine Blumenkind in Frieden ziehen.

Käfer

Mit weltweit bisher über 400 000 bekannten Arten ist die Formenvielfalt der Käfer fast unüberschaubar und täglich werden neue entdeckt, die Gesamtartenzahl liegt vermutlich bei mehreren Millionen.

Die Chitinpanzer der Käfer sind robuster als bei den meisten anderen Insektengruppen, manche Käfer bewegen sich dadurch eher schwerfällig. Die Vorderflügel der Käfer haben sich zu stark gepanzerten Flügeldecken (Elytren) entwickelt, unter denen sich die häutigen Hinterflügel verbergen. Da die Hinterflügel in der Regel länger als die Flügeldecken sind, müssen sie in Ruhestellung kunstvoll entfaltet oder wieder zusammengefaltet werden. Bei den Kurzflügelkäfern *(Staphylinidae)* mit ihren stark verkürzten Flügeldecken, die einen Großteil des Hinterleibs freilassen, hat sich dieser Prozess zu einer eigenen »Kunstform« entwickelt. Es dauert jedes Mal eine geraume Zeit, bis alles wieder korrekt verpackt ist. Bei den meisten Käferarten dienen die häutigen Hinterflügel dem aktiven Flug, die Flügeldecken werden lediglich als starre Tragflächen abgespreizt und erhöhen den Auftrieb. Bei einem startenden Marienkäfer lässt sich das gut beobachten. Rosenkäfer klappen die Hinterflügel durch einen Spalt zwischen Hinterleib und Flügeldecken nach außen, die Elytren bleiben also geschlossen. Bei den Laufkäfern *(Carabidae)* hat ein Großteil der Arten die Flugfähigkeit sekundär wieder verloren, die Flügeldecken sind häufig sogar verwachsen. Dafür machen sie ihrem Namen alle Ehre, so entwickeln beispielsweise die hochbeinigen Sandlaufkäfer *(Cicindelidae)* beachtliche Geschwindigkeiten und packen ihre Beute blitzschnell.

Der Goldlaufkäfer: Dieser Käfer ist häufig in Gärten anzutreffen.

Die Ernährung der einzelnen Käferarten ist extrem vielseitig, es gibt wohl kein organisches Substrat, das nicht von irgendeinem Käfer oder seiner Larve verdaut werden kann.

Netterweise – wenn auch nicht ganz freiwillig – hat der Mensch den Speisezettel der Käfer sogar um etliche Delikatessen erweitert. Bei den Speckkäfern *(Dermestidae)* stehen in freier Wildbahn schon etwas eingetrocknete Kadaver auf dem Speiseplan. Zwar wird jede anständige Hausfrau das Vorhandensein von irgendwelchen vertrockneten Kadavern in ihrer Speisekammer vehement bestreiten, doch in diesem Fall unterscheiden sich die Blinkwinkel von Käfer und Mensch drastisch. Schinken, Rauchfleisch, geräucherter Fisch, Häute (Leder), Felle, Wolle, Vogelbälge und ausgestopfte Tiere sind aus Sicht des Gewöhnlichen Speckkäfers *(Dermestes lardarius)* ein wahres Speckkäferschlaraffenland. Trotzdem haben sich die gefräßigen Speckkäfer eine ganz spezielle Nische erobert, in der sie hohe Achtung genießen. Kein Tierpräparator kann ein Skelett so vollendet abfleischen, wie es den winzigen Kieferzangen der Speckkäfer gelingt, viele Präparatoren setzen in solchen Fällen deshalb von vorneherein auf einen gut gefüllten *Dermestes*-Zuchtbehälter. Sogar schwer zu präparierende, zarte Knochenstrukturen wie die Beckenreste einer Blindschleiche werden geradezu makellos frei genagt.

Ganz erstaunlich ist die Fähigkeit mancher Käferarten, komplett ohne Wasser auszukommen. Der Gewöhnliche Nagekäfer *(Anobium punctatum)*, dessen natürliche Lebensräume sowohl Nadel- als auch Laubholzarten sind, treibt als »Holzwurm« häufig auch in Möbeln sein Unwesen und ist Verursacher der »antiken« Wurmlöcher im Holz. Die Luftfeuchtigkeit in einem Haus ist niedrig, aus welchen Quellen deckt der Käfer also seinen Flüssigkeitsbedarf? Symbionten im Darm des Käfers helfen ihm, das Holz aufzuschließen und zu verdauen, als Energiespeicher dient der Fettkörper des Insekts. Bei der enzymatischen Spaltung von Fett wird im letzten Schritt chemisch gebundenes Wasser frei, das offensichtlich für die Bedürfnisse des Käfers ausreicht. Auch Kleinsäuger, die sich in Wüstengebieten von fettreichen Samen ernähren, beziehen lebensnotwendiges Wasser aus diesem Stoffwechselmechanismus.

Lebensräume von Käfern im Totholz

Rund 1 400 der in Mitteleuropa vorkommenden Käferarten aus knapp 50 verschiedenen Familien sind in ihrer Lebensweise eng an Totholz gebunden. Eine derartige Artenvielfalt gibt es bei keiner anderen Tiergruppe im Totholz. Die folgenden Beispiele für Käferlebensräume orientieren sich inhaltlich weitgehend an der im März 2009 eingereichten Doktorarbeit von Dr. Georg Möller »Struktur- und Substratbindung holzbewohnender Insekten, Schwerpunkt *Coleoptera* – Käfer«, einer Arbeit, die ich jedem Totholzinteressenten wärmstens ans Herz legen möchte.

Bast und Splintholz

Wenn ein Baum in Folge von Trockenheit, Luftverschmutzung, Pilzbefall oder Windwurf geschwächt oder abgestorben ist, beginnt der Abbau des Holzes durch Pilze und Insekten (siehe ab Seite 38). Die Vorhut bilden Organismen, die sich auf Bast und Splintholz spezialisiert haben. Typische Vertreter dieser Gruppe aus den Reihen der Käfer sind Borkenkäfer *(Scolytidae)*, Prachtkäfer *(Buprestidae)* und Bockkäfer *(Cerambycidae)*.

Splintholz ist die äußerste lebende Holzschicht des Baumes. Sie transportiert Wasser und Mineralstoffe von den Wurzeln zum Kronenbereich und speichert Zucker und Stärke im Zellgewebe. Die Bastschicht der Rinde transportiert im Gegenzug die während der Fotosynthese gebildeten Zucker vom Kronenbereich zu den Wurzeln. Rinde und Bast besitzen

Wie verwerten Käfer Holz?

Rein theoretisch sollten Käfer oder ihre Larven nicht in der Lage sein, Holz zu verwerten, weil ihnen die erforderlichen Enzyme für den Abbau fehlen. Käfer ignorieren dieses Problem allerdings völlig unbeeindruckt, wie die kreisrunden Fraßgänge einer Bockkäferlarve im Holz beweisen. Des Rätsels Lösung sind geheime Verbündete im Verdauungstrakt der Insekten. Das Insekt zerkleinert das Holz zwar rein mechanisch mit seinen Kieferzangen, den eigentlichen Abbau übernehmen dann aber im Darm lebende symbiotische Bakterien. Auf diese Weise profitieren beide Partner von der Zusammenarbeit. Die Bakterien genießen ein gut geschütztes, sorgenfreies Dasein, der Käfer dagegen kann sich Nahrungsressourcen erschließen, auf die er anderenfalls keinen Zugriff hätte.

hohe Konzentrationen an niedermolekularen, leicht abbaubaren organischen Verbindungen wie Zucker, Aminosäuren, Vitamine und Wuchsstoffe (Pflanzenhormone). Diese leicht verwertbaren Nahrungsquellen erfreuen sich eines begeisterten Ansturms verschiedener Organismen, daher steht dieser Lebensraum nur für einen kurzen Zeitraum von ein bis zwei Jahren zur Verfügung (siehe auch Seite 24).

Rindenbrütende Borkenkäfer wie der Buchdrucker leben von Zucker, Stärke und Hemizellulose, holzbewohnende Borkenkäfer und die Kernholzkäfer wie *Platypus cylindrus* ernähren sich ausschließlich von einem symbiotischen Pilz (Ambrosiapilz). Die Sporen oder das Myzel dieses Pilzes werden vom Käfer bei der Eiablage übertragen, die Larven weiden den nach und nach in den Fraßgängen heranwachsenden Pilzrasen ab. Auch bei den Prachtkäfern und Bockkäfern scheint eine zunehmende Verpilzung des Holzes für die Entwicklung der Larven erforderlich zu sein.

Eine Gruppe von Räubern und Parasitoiden unter den Käfern hat sich auf diese Rinden- und Splintholzbewohner spezialisiert, unter anderem Stutzkäfer, Kurzflügelkäfer und Glanzkäfer. Glanzkäfer ernähren sich in erster Linie von den verschiedenen Entwicklungsstadien der Borkenkäfer.

Saftflüsse und Schleimflüsse

Saft- und Schleimflüsse von lebenden und absterbenden Laubbäumen sind Abwehrreaktionen der Bäume auf mechanische Verletzung. Durch die hohe Konzentration an Zuckern ist der Saft sehr nährstoffreich und wird von vielen Lebewesen verwertet. Die Vergärung der Säfte durch Wildhefen setzt Duftstoffe frei, wodurch die Insekten von weit her angelockt werden. Aufgrund ihrer besonders hohen Nährstoffgehalte sind die Eichensaftflüsse am beliebtesten und artenreichsten.

Einige Glanzkäfer haben sich auf diese Nische spezialisiert. Zu den besonders auffälligen und großen Käferarten, die regelmäßig an Eichensaftflüssen anzutreffen sind, gehören der Hirschkäfer *(Lucanus cervus)*, der Heldbock *(Cerambyx cerdo)* und der Rosenkäfer *(Protaetia aeruginosa)*. Der bei der Vergärung durch die Flughefen entstehende Alkohol hat oft katastrophale Folgen für das Flugvermögen dieser Käfer und macht sie im beschwipsten Zustand zur leichten Beute für Singvögel. Weitere Nutznießer von Saftflüssen und Schleimflüssen sind Schwebfliegenlarven, Schmetterlinge (darunter viele Nachtfalter) und Hornissen.

Der Hirschkäfer: Weil er gerne vergorene, alkoholhaltige Eichensäfte aufleckt, ist dieser prächtige Käfer manchmal komplett flugunfähig.

Verbranntes Holz und Borke

Sogar verbranntes Holz kann ein wichtiger Lebensraum für Käfer sein.

Der Schwarze Kiefernprachtkäfer *(Melanophila acuminata)* legt seine Eier ausschließlich auf verbrannten, teilweise noch warmen Kiefernstämmen ab. Verbranntes Holz wird von den meisten Käfern gemieden, daher können sich seine Larven dort weitgehend konkurrenzfrei entwickeln. Zur Ortung der Brände besitzt der Schwarze Kiefernprachtkäfer Infrarotsensoren am Brustteil, außerdem kann er mit Hilfe von Geruchssensoren auf den Fühlern die für die Verbrennung von Kiefernharz typischen Guajacol-Verbindungen in der Luft wahrnehmen. Brände werden aus einer Entfernung von bis zu 20 Kilometern gewittert.

Eine intakte Borke schützt den Holzkörper vor Sonne und Austrocknung, unter der Borke herrscht daher ein relativ konstantes, ausgeglichenes Mikroklima, das für viele Arten zum erfolgreichen Abschluss ihrer Entwicklung nötig ist. Nach dem Abblättern der Borke schwanken Temperatur und Feuchtigkeit im Stammholz stark und auch an diese extremen Bedingungen sind Spezialisten angepasst. Bergahorn und Spitzahorn besitzen dünne Borken, die sich rasch vom Stammholz abschälen, daher finden dort nur wenige Arten einen Lebensraum. Die Borke von Stieleiche ist dagegen dick, grobrissig, plattenartig, verbleibt lange am

Stamm und bietet daher vielen Arten Lebensraum. Auch als Versteck und Überwinterungsquartier sind dieses Spalträume von Bedeutung.

Laufkäfer verbergen sich oft unter losen Borkenplatten. Durch den Abbau des Holzes sowie durch Bohrmehl und Kot aus den Fraßgängen können unter der Rinde von Stieleiche, Rotbuche, Birke oder Ulme umfangreiche Mulmansammlungen entstehen, die wieder eigene Lebensräume darstellen. Die nur ein bis zwei Millimeter großen Zwergkäfer *(Pselaphidae)* jagen im Borkenmulm winzige Milben, ebenso die Ameisenkäferarten *Stenichnus bicolor* und *Neuroaphes carinatus*. Kurzflügelkäfer *(Staphylinidae)* erbeuten dort andere Käfer und deren Larven.

Pilzmyzelien und Pilzfruchtkörper

Das von Pilzmyzelien völlig durchwachsene Holz ist ebenfalls Entwicklungsgrundlage für viele Käferarten. Schnellkäferarten der Gattung *Ampedus* sind in ihrer Entwicklung neben Holz auf tierisches Eiweiß angewiesen und fressen auch die Larven anderer Insektenarten (eine solche Lebensweise bezeichnet man als fakultativ karnivor). In weißfaulen, feuchteren Laubholzstämmen dominieren die Larven von Schrötern *(Lucanidae)*, Bockkäfern *(Cerambycidae)*, Nagekäfern *(Anobiidae)*, Holzrüsselkäfern *(Cossoninae)* und Schnellkäfern *(Elateridae)*. In stehendem, trockenerem, weißfaulem Totholz finden sich vor allem Arten der Nagekäfer. In feuchtem, braunfaulem Nadelholz tritt der Blutrote Schnellkäfer *(Ampedus sanguineus)* in großer Zahl auf, in trockenem braunfaulem Kiefernholz die Holzrüsselkäferart *Rhyncolus elongatus*.

Während die Pilzmyzelien das gesamte Holz durchziehen, werden die sporenbildenden Pilzfruchtkörper nur zu bestimmten Zeiten gebildet. Typische Besiedler von Pilzfruchtkörpern sind Kurzflügelkäfer *(Staphylinidae)* und Schwammkäfer *(Cisidae)*. Manche Käferarten haben sich auf einen einzigen Pilz oder eine einzige Pilzgruppe spezialisiert, andere Arten nutzen ein sehr breites Spektrum als Nahrungsquelle: Die Larve der Schwarzkäferart *Bolitophagus reticulatus* kann sich nur im Zunderschwamm entwickeln. Der Nachwuchs der Düsterkäferart *Orchesia micans* lebt von verschiedenen Schillerporlingen. Die Schwammkäferart *Ennearthron cornutum* besiedelt dagegen viele Holzpilze aus den unterschiedlichsten Gruppen.

Holzmulm

Holzmulm besteht aus sehr feinem, teilweise staubförmigem Holzsubstrat und ist das Endprodukt einer Reihe von Abbau- und Umwandlungsprozessen des Holzes. Häufig entsteht er in großen Höhlen noch lebender Laubbäume. Neben Pilzen wie dem Goldfell-Schüppling, dem Schuppigen Porling und dem Flachen Schillerporling sind vor allem nagende Holzinsekten an seiner Entstehung beteiligt. Im verpilzten Holz lebender Laubbäume übernehmen vor allem Holzrüsselkäfer, Scheinbockkäfer, Bockkäfer, Dornhalskäfer und Baumschwammkäfer diese Rolle.

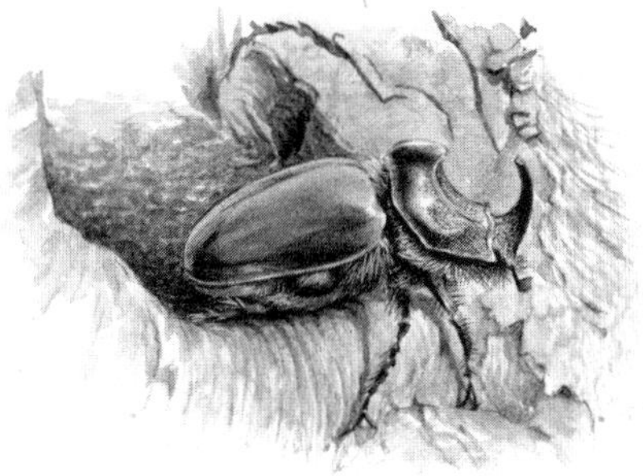

Der Nashornkäfer: Dieser unverwechselbare Käfer entwickelt sich häufig in Kompost- und Sägemehlhaufen.

In größeren Baumhöhlen wird der Bodenkörper aus Holzmulm durch die Abfälle zahlreicher verschiedener Höhlenbesiedler zusätzlich nährstoffmäßig »aufgepeppt«. Die Kartonnester der Hornisse zerfallen im Herbst sehr rasch, zusätzlich ist der Bereich unter dem Nest mit Kot, Beuteresten, toten Larven, Puppen und Imagines (»erwachsenen« Hornissen) übersät. Bei in Baumhöhlen lebenden Völkern der Europäischen Honigbiene kann dieser nährstoffreiche »Regen« mehrere Jahre lang anhalten – solange, wie das Nest bevölkert ist. Fledermäuse setzen ihren Kot ab, Höhlenbrüter, vor allem der Star, tragen große Mengen an mineralstoffreichen, dünnen Zweigen ein. Andere Höhlenbrüter hinterlassen ihr Erbe in Form von Kot, Federn, Eiern und toten Nestlingen.

Der auf diese Weise mit Calcium, Phosphat und Stickstoff angereicherte Mulm wird von spezialisierten Käferarten besiedelt. Dazu gehören unter anderem der Feuerschmied *(Elater ferrugineus)*, der Nashornkäfer *(Oryctes nasicornis)* und der Eremit oder Juchtenkäfer *(Osmoderma eremita)*.

Achtbeinig durchs Leben – die Spinnentiere

Lebewesen, die der Laie ganz pauschal als »Spinne« bezeichnet, gehören fast immer zu den Webspinnen oder Echten Spinnen *(Araneae)*. Ein typisches Beispiel für eine Echte Spinne ist die Gartenkreuzspinne *(Araneus diadematus)*, die im Jahr 2010 von der Arachnologischen Gesellschaft e. V. zur »Spinne des Jahres« gekürt wurde. Zur riesigen Gruppe der Spinnentiere *(Arachnida)* gehören neben den Echten Spinnen so bekannte Gruppen wie die Skorpione *(Scorpiones)*, Milben *(Acari)* und Weberknechte *(Opiliones)*, aber auch sechs weitere Ordnungen wie Geißelspinnen *(Amblypygi)* oder Kapuzenspinnen *(Ricinulei)*, die in der Regel nur professionellen »Spinnern«, den Arachnologen, bekannt sind.

Milben

Mit weltweit über 50 000 bisher bekannten Arten sind die Milben die größte Gruppe der Spinnentiere. Das verbindende Element aller Milbenarten ist ihre Verschiedenheit: Vorkommen, Körperbau, Lebensweise, Ernährung und Fortpflanzung zeichnen sich durch eine geradezu erdrückende Vielfalt aus, die den Spezialisten auf dem Gebiet der Milbenkunde (Acaralogie) manchmal graue Haare beschert.

In der obersten Bodenschicht tragen mehrere Millionen Milben pro Quadratmeter entscheidend zum Abbau von organischem Material und damit zu Humusbildung bei. Auch Holzmulm wird von einer Unzahl von Milben besiedelt, die durch ihre Fraßtätigkeit und den Kot die endgültig letzte Runde im langen Abbauprozess des Holzes einleiten. Manche Milben sind Allesfresser, andere haben sich auf Kot, Aas, Pollen, Pilze, Pflanzen oder zerfallendes organisches Material spezialisiert. Es gibt räuberische Arten und Parasiten an Pflanzen und Tieren in ihren Reihen. Die in den Tracheen der Honigbiene parasitierende Tracheenmilbenart *Acarapis woodi* misst gerade einmal 0,1 Millimeter, der grotesk angeschwollene Körper einer vollgesogenen Zecke *(Ixodida)* kann dagegen bis zu 3 Zentimeter lang sein.

Zecken

Zecken *(Ixodida)* gehören zu einer eher unangenehmen Überfamilie innerhalb der Ordnung der Milben. Beim Menschen tritt hierzulande in erster Linie der Gewöhnliche Holzbock *(Ixodes ricinus)* auf. Diese Zecke sitzt bevorzugt auf Gräsern, im Unterholz und auf niedrigen Büschen und wartet passiv auf ein geeignetes, warmblütiges Opfer. Dabei übersteht sie problemlos mehrmonatige Hungerphasen, während dieser Zeit läuft ihr Stoffwechsel auf Sparflamme. An den Enden des ersten Beinpaars sitzen chemische Beutedetektoren, die Haller'schen Organe. Mit diesen Organen am weit ausgestreckten, vordersten Beinpaar kann die Zecke das Kohlenstoffdioxid des Atems und die Buttersäure im Schweiß potentieller Beutetiere wittern und sich dann an den vorbeistreifenden Wirt anklammern. Da für den Stich dünne, gut durchblutete Hautstellen bevorzugt werden (Kniekehle, Leiste, hinter den Ohren, Haaransatz), kann es mehrere Stunden dauern, bis sich die Zecke für ihren Lieblingsplatz entschieden hat. Das Absuchen des Körpers nach jedem Spaziergang reduziert die Wahrscheinlichkeit eines Zeckenstiches deutlich. Beim Stich überträgt die Zecke Speichel, dieser enthält Substanzen, die Blutgerinnung und Entzündung verhindern und die Stichstelle lokal betäuben. Dadurch wird die Zecke oft erst nach Tagen bemerkt, sodass sie sich in Seelenruhe vollsaugen kann. Zecken können beim Stich Krankheitserreger an den Menschen übertragen, die zu einer Infektion mit Borreliose oder Frühsommer-Meningoenzephalitits (FSME) führen können.

Zum Entfernen einer festgesogenen Zecke wird eine Zeckenzange oder -schlinge möglichst bündig an der Haut angesetzt und die Zecke langsam in gerader Richtung nach hinten abgezogen. Da der Stechapparat symmetrische Widerhaken und keinen »Korkenzieher« besitzt, ist die oft praktizierte extreme Drehbewegung beim Entfernen wenig hilfreich. Das wiederholte Fassen und Quetschen der Zecke führt sogar dazu, dass vermehrt Krankheitserreger in die Wunde abgegeben werden. Ein Beschmieren mit Öl oder Alkohol hat denselben negativen Effekt.

Pseudoskorpione

In der Bodenstreu, in Borkenspalten und im Holzmulm vermoderter Stämme und Wurzelstöcke stößt man auf Lebewesen, die den Laien zunächst etwas verunsichern. Auf den ersten Blick ähneln sie Miniskorpionen mit langen Scherenarmen. Auf den zweiten Blick fehlt aber der für echte Skorpione typische, sich verjüngende Schwanz mit dem Giftstachel. Diese 1,5 bis 5 Millimeter großen, zierlichen Winzlinge sind Pseudoskorpione *(Pseudoscorpiones)*. Häufig werden sie auch als Moos- oder Afterskorpione bezeichnet. Weltweit kennt man bisher mehr als 3 000 Arten, Mitteleuropa ist mit etwa 100 bekannten Arten relativ dünn besiedelt.

Skorpione und Pseudoskorpione gehören zwar in den gemeinsamen systematischen Topf der Spinnentiere, sind ansonsten aber nicht näher miteinander verwandt.

Typisch für Pseudoskorpione sind die spezialisierten Mundwerkzeuge: Die Kiefertaster (Pedipalpen) tragen an ihren Enden jeweils eine große Schere, mit der die Beute gepackt wird. Auch die Kieferklauen (Cheliceren) sind zu winzigen Scheren direkt an der Mundöffnung umgebildet. Am beweglichen Teil der Schere münden Spinndrüsen nach außen, wobei die Spinnseide nicht wie bei den Echten Spinnen auch zum Beutefang, sondern nur zum Bau von Ei-, Wohn- und Überwinterungskammern genutzt wird. Eine Echte Spinne wie die Gartenkreuzspinne spinnt genau am entgegengesetzten Ende, bei ihr sitzen die Spinnwarzen am Hinterleib. Räuberisch leben sowohl Echte Spinnen wie auch Pseudoskorpione. Springschwänze und Milben, die in der Bodenstreu und im Holzmulm häufig in ungeheuren Mengen auftreten, stehen auf dem Speisezettel der Pseudoskorpione ganz weit oben. Eine auf Totholz spezialisierte einheimische Art ist beispielsweise *Mundochthonius styriacus*. Diesen wärmeliebenden Pseudoskorpion findet man auf Baumrinde, in Baumhöhlen und auf abgestorbenen Ästen.

Der Aktionsradius eines nur wenige Millimeter großen Lebewesens ist naturgemäß sehr begrenzt, aus diesem Grund haben sich Pseudoskorpione für das Zurücklegen größerer Entfernungen auf das Reisen als blinde Passagiere verlegt. Die Art *Lamprochernes nodosus* klemmt sich mit den Scheren an die Beine von Stubenfliegen und landet so versehentlich immer wieder auch im Umfeld des Menschen. Diese vorübergehende Nutzung eines anderen Lebewesens als Transportmittel bezeichnet man als Phoresie, auch viele Milben schwören auf diese Strategie. Der in Südamerika vorkommende Pseudoskorpion *Cordylochernes scorpiodes* hat diese Methode verfeinert. Er lebt bevorzugt auf den verrottenden Ästen von Feigenbäumen. Dort entwickeln sich auch die Käferlarven des Harlekinbocks *(Acrocinus longimanus)*. Wenn aus den Puppen die geschlechtsreifen Käfer schlüpfen, schlägt die Stunde der winzigen blinden Passagiere. Sie krabbeln in den schmalen Spalt unter den Flügeldecken des Käfers, der Raum für maximal 30 Pseudoskorpione bietet. Das erste Männchen an Bord vertreibt alle weiteren Nebenbuhler und lässt nur noch die Damenwelt ein. Sobald der Käfer samt Pseudoskorpion und dessen Harem abhebt, verpaart sich das Männchen mit möglichst vielen Weibchen. Da der Käfer gezielt verrottende Feigenbäume ansteuert, werden die Pseudoskorpione automatisch in einen für sie geeigneten neuen Lebensraum befördert.

Weberknechte

Weberknechte oder Kanker *(Opiliones)* gehören nicht zu den Webspinnen, sondern bilden eine eigene Ordnung innerhalb der Spinnentiere. Weltweit kennt man bisher etwa 7 000 Arten, hierzulande sind bisher 47 Arten bekannt. Die Weberknechtgattung *Nemastoma* findet man häufig an relativ feuchtem Totholz, wo sie kleine Schnecken jagt.

Im Gegensatz zu den Webspinnen gehen bei Weberknechten Kopfbruststück und Hinterleib ohne erkennbare Einschnürung ineinander über. Das einzelne Punktaugenpaar sitzt auf einem auffälligen Augenhügel in der Mitte des vorderen Körperabschnitts, ein bizarrer Anblick unter dem Binokular. Bei höhlenbewohnenden Arten aus verschiedenen Verwandtschaftsgruppen können die Augen wieder komplett zurückgebildet sein.

Typisch für Weberknechte sind die fadenförmigen Beine, die bis zu 15-mal länger als der Körper sein können, es gibt allerdings auch »Kurzbeiner« unter den Weberknechten. Häufig dient das stark verlängerte zweite Beinpaar als Fühlerersatz, mit dem die nähere Umgebung unablässig abgetastet wird. Die Endglieder der Beine (die Tarsen) können aus bis zu 100 Einzelgliedern bestehen. Diese hochbeweglichen Beinabschnitte können sich wie der Klammerschwanz eines Affen um Grashalme oder dünne Ästchen schlingen und so die Fortbewegung erleichtern.

Einen mit Kohlenstoffdioxid betäubten Weberknecht kann man – bei liebevoller Handhabung! – ohne nachteilige Folgen an einem Bein hochheben. Versucht man das Gleiche bei einem lebenden Tier, »reißt« das Bein mit an Sicherheit grenzender Wahrscheinlichkeit zwischen dem ersten und zweiten Beinglied ab. Weberknechte besitzen – wie die Webspinnen – die erstaunliche Fähigkeit, ihre Gliedmaßen an einer Sollbruchstelle aktiv abzutrennen (Autotomie). Eingeleitet wird dieser Vorgang durch eine ruckartige, völlig unphysiologische Bewegung des ersten Beingliedes, die jedem Chiropraktiker den Angstschweiß auf die Stirn treiben würde. Durch die bei dieser Bewegung entstehenden starken Scherkräfte zerreißen die zarten Intersegmentalhäute zwischen den beiden Beingliedern. Das abgetrennte Bein besitzt sowohl Muskeln als auch Nervenknoten, die diese Muskeln ansteuern, daher kann ein abgetrenntes Weberknechtbein noch einige Minuten zucken, die abgeworfenen Beine einer Webspinne bewegen sich dagegen keinen einzigen Millimeter. Im Idealfall wird ein irritierter Angreifer durch diese Bewegung so lange abgelenkt, bis sich die restlichen sieben Beine samt Weberknecht in Sicherheit gebracht haben. Innerhalb des Stumpfes des zurückgebliebenen Beinglieds entwickelt sich bei manchen Arten bis zur nächsten Häutung ein komplettes neues Bein, das allerdings kürzer und zarter als das alte Bein ist. Nach zwei bis drei Häutungen ist das nachgewachsene Bein nicht mehr von den »Originalbeinen« zu unterscheiden.

Weberknechte gehen nachts auf die Jagd und ruhen tagsüber. Die Tiere besitzen keine Spinndrüsen, daher fehlen Netze und Schlupfgespinste. Auch Giftdrüsen sind nicht vorhanden, sodass Weberknechte ihre Beute lebend verzehren müssen. Dabei überwältigen sie zum Teil erstaunlich große Beutetiere wie Asseln, Schwebfliegen und Blattwespen. Einige Arten (zum Beispiel *Rilaena triangularis)* können sogar fliegende Insekten erbeuten, die sie geschickt mit dem verlängerten zweiten Beinpaar aus der Luft schlagen. Auch Kannibalismus kann vorkommen. Während das vor der Mundöffnung liegende, mikroskopisch feine Reusensystem der Webspinnen nur für flüssige Nahrung durchlässig ist, können Weberknechte feste Nahrungspartikel aufnehmen, die sie mit ihren scherenartigen Kieferklauen (Cheliceren) zerkleinern. Weberknechte ernähren sich von lebenden oder toten Insekten, Milben, Pilzen, Pflanzen und zerfallendem organischen Material. Die Gruppe der Schneckenkanker *(Ischyropsalidae)* hat sich auf kleine Nackt- und Gehäuseschnecken spezialisiert und kann mit ihren Kieferklauen sogar deren Schalen aufbrechen.

Echte Spinnen

Die Echten Spinnen oder Webspinnen *(Araneae)* und die Insekten werden oft sehr undifferenziert in einen gemeinsamen systematischen Topf geworfen, eine Vorgehensweise die beide Parteien entnervt zurücklässt. Dabei sind die Unterschiede relativ auffällig:

Insekten haben sechs Beine, Webspinnen acht. Der Körper der Insekten ist dreigeteilt und gliedert sich in Kopf, Brust und Hinterleib. Bei den Webspinnen verschmelzen Kopf und Brust zum Kopfbruststück, daher ist der Köper nur zweigeteilt. Webspinnen sind niemals geflügelt und besitzen auch keine Fühler. Die Insekten haben Komplexaugen (Facettenaugen), die im Falle der Großlibellen aus bis zu 30 000 Einzelaugen (Omatidien) bestehen können, Webspinnen besitzen in der Regel acht Punktaugen. Außerdem besteht bei den Insekten jedes Bein aus fünf Gliedern, bei den Webspinnen dagegen aus sieben.

Totholz bietet Webspinnen zahlreiche Versteckmöglichkeiten, ergiebige Jagdgründe und warme Sonnenplätze. Häufig dienen Hohlräume unter der sich teilweise ablösenden Borke als Versteck, zum Beispiel für die Spaltenkreuzspinne *(Nuctenea umbratica)*. An den paarigen Vertiefungen am Hinterleib dieser Spinne setzen im Inneren des Körpers Muskeln an, die den Hinterleib zusammenziehen und damit noch schmäler machen können, sodass die Spinne auch in engsten Spalten Platz findet. Auch vermoderte Baumstümpfe werden gerne von Spinnen besiedelt.

Webspinnen leben ausschließlich räuberisch, von Blütenpollen, die sich in ihren Netzen verfangen, einmal abgesehen. Zur Überwältigung der Beute dienen die in einem Grundgelenk taschenmesserartig einklappbaren Kieferklauen (Cheliceren). Wie eine Injektionskanüle besitzen sie jeweils eine Öffnung kurz vor der Spitze, in der die Ausführgänge der Giftdrüse münden.

Bis auf die Gruppen der Kräuselradnetzspinnen und der Gliederspinnen, die keine Giftdrüsen besitzen, sind alle Webspinnen bis zu einem gewissen Grad »giftig«. In erster Linie ist die Wirkung des Giftes aber abhängig von den jeweiligen Beutetieren. Im Falle eines Bisses ist es daher ein grundlegender Unterschied, ob man eine 2 Millimeter kleine Essigfliege oder ein 2 Meter großer Homo sapiens sapiens ist. Kleinere Spinnenarten können die zähe menschliche Haut mit ihren Kieferklauen nicht durchdringen, schon dadurch reduziert sich die Wahrscheinlichkeit für einen Menschen, überhaupt von einer Spinne gebissen zu werden, drastisch. Eine einheimische Spinne wird dem Menschen immer ausweichen und nur dann zubeißen, wenn sie sich in einer ausweglosen Situation befindet oder gegen eine nackte Hautstelle gequetscht wird.

Die Giftigkeit der Webspinnen wird generell maßlos überschätzt. Von den etwa 30 000 weltweit bekannten Webspinnenarten ist lediglich der Biss von etwa zwei Dutzend Arten ernsthaft gefährlich für den Menschen, in Mitteleuropa lebt keine einzige davon. Vergiftungserscheinungen nach einem Biss treten hierzulande lediglich bei zwei Arten auf: bei der Wasserspinne *(Argyroneta aquatica)* und beim Dornfinger *(Cheiracanthium punctorium)*.

Die Wasserspinne wird in der Roten Liste der gefährdeten Arten als »stark gefährdet« aufgeführt. Sie lebt in langsam fließenden oder stehenden Gewässern von wasserbewohnenden Gliederfüßern wie Flohkrebsen und Wasserasseln, die sie in ihrer mit Luft gefüllten Tauchglocke verzehrt. Die Bisswirkungen (Juckreiz, Schmerzen, Schwellung, Rötung, druckempfindliche Lymphknoten) durch diese sehr seltene Spinne klingen nach spätestens ein bis zwei Tagen wieder komplett ab.

Der Dornfinger ist ebenfalls eine eher seltene, wärmeliebende Spinnenart, die unter anderem in der oberrheinischen Tiefebene vorkommt. Meistens beißen die nachtaktiven Spinnen, wenn sie tagsüber in ihren Ruhegespinsten bedrängt werden, oder die Weibchen verteidigen ihre Eikokons in den Brutgespinsten. Die Bisswirkung entspricht in etwa derjenigen der Wasserspinne, in schwereren Fällen kommen Übelkeit, Erbrechen, Schüttelfrost und leichtes Fieber hinzu, auch in diesem Fall sind alle Symptome komplett reversibel.

Die Spaltenkreuzspinne: Diese Spinne ist eine typische Bewohnerin von Totholz. Sie versteckt sich in Spalten unter der Borke und liebt die warmen Sonnenplätze, die ihr das Totholz bietet.

Große Kreuzspinnen oder Winkelspinnen schaffen es in seltenen Fällen ebenfalls, die menschliche Haut zu durchdringen, die Folgen eines solchen Bisses sind aber minimal und entsprechen im schlimmsten Fall einem Bienenstich.

Abgesehen von den netzbauenden und den frei jagenden Spinnen gibt es noch eine Reihe von Fangspezialisten unter den Spinnen.

Zum Beispiel die Speispinne *(Scytodes thoracica):* Sie ist ein häufiger Gast in unseren Häusern, wo sie nachts und in den frühen Morgenstunden auf Beutefang geht. Ihre enorm vergrößerte Giftdrüse ist zweigeteilt, der vordere Abschnitt produziert das Gift, der hintere eine Leimsubstanz. Das Leim-Gift-Gemisch wird aus den Austrittsöffnungen der Kieferklauen in nur 140 Millisekunden in einem zickzackförmigen Band über die Beute geschleudert. Versuchen Sie mal, im Zickzack zu spucken! Das Muster entsteht vermutlich durch hochfrequente, serienartig hintereinandergeschaltete Muskelkontraktionen.

Beispiele für auf Totholz angewiesene Spinnenarten sind:

- Trichternetzspinnen wie die Waldtrichterspinne *(Histopona torpida)*,
- Finsterspinnen wie die Fensterspinne *(Amaurobius fenestralis)*,
- Sackspinnen *(Clubionidae)*,
- Kräuselspinnen wie die Graubraune Kräuselspinne *(Cicurina cicur)*;
- Glattbauchspinnen *(Gnaphosidae)*,
- Baldachinspinnen *(Linyphiidae)*,
- Wolfspinnen *(Lycosidae)*,
- Laufspinnen *(Philodromidae)* oder
- Fischernetzspinnen *(Segestriidae)*.

Netze weben

Namengebendes Merkmal der Webspinnen ist ihre Fähigkeit, zu »weben«, also die Produktion von Spinnfäden. Die Spinnseide wird von bis zu acht verschiedenen Spinndrüsen produziert, jeder Fadentyp dient unterschiedlichen Aufgaben (wie Fangspirale, Rahmenfäden, Fesselfäden oder Fäden zum Kokonbau). Wodurch sich die flüssige Spinnseide beim Übergang aus den Spinndrüsen an die Luft verfestigt, ist bisher immer noch nicht vollständig geklärt. Spinnenseide ist bezogen auf ihr Gewicht doppelt so elastisch wie Nylon und halb so fest wie Stahl. Durch ihre starke Dehnbarkeit verpufft ein Großteil der Energie von im Netz zappelnden Beutetieren wirkungslos, ohne das Netz zu zerreißen. Obwohl Spinnseide zu 100 Prozent aus Eiweiß besteht, wird sie von Bakterien und Pilzen nicht abgebaut, denn ein chemischer Cocktail aus Pyrrolidin, Hydrogenphosphat, Nitrat und anderen Bestandteilen vermiest den Mikroorganismen jeden Appetit. Pyrrolidin verhindert ein Eintrocknen der Fangfäden, Hydrogenphosphat sorgt für ein saures, bakterienfeindliches Medium und Nitrat schützt die Fäden vor der Säure. Vor jedem Neubau frisst eine Radnetzspinne ihr altes Netz komplett auf und recycelt die Seidenproteine auf diese Weise perfekt. An jeder Kreuzungsstelle der Spinnenfäden in einem Radnetz werden beide Fäden über eine kurze Strecke miteinander »verschweißt«. Obwohl ein Radnetz bis zu 1 500 solcher Kreuzungspunkte enthalten kann, ist der Bau nach einer knappen halben Stunde abgeschlossen. Da die Fadendicke im Schnitt bei 0,001 bis 0,002 Millimeter liegt, wiegt ein Radnetz mit einer Gesamtfadenlänge von 20 Metern nur 0,1 bis 0,5 Milligramm.

Vom Teich bis zur Wüste – die Reptilien und Amphibien

Zu den Reptilien und Amphibien, die stark an Wälder und Waldränder gebunden sind, gehören Waldeidechse *(Zootoca vivipara)*, Aspisviper *(Vipera aspis)*, Feuersalamander *(Salamandra salamandra)*, Alpensalamander *(Salamandra atra)* und Erdkröte *(Bufo bufo)*. Sie profitieren vor allem von liegendem Totholz.

Totholz heizt sich in der Sonne auf und bietet kuschelige Sonnenplätze, die aus dem schattigen, kühleren Umfeld herausragen. Vor allem Reptilien nutzen dieses Angebot dankbar, da sie als wechselwarme, wärmeliebende Tiere vollständig von der Umgebungstemperatur abhängig sind. Ein Vorteil dieser Art des Stoffwechsels ist die günstige Energiebilanz. Um eine konstante Körpertemperatur aufrechtzuerhalten, müssen Säugetiere einen großen Anteil der aufgenommenen Energie ausschließlich in ihre »Heizung« investieren. Übergewicht ist daher in freier Wildbahn nicht wirklich ein Thema. Der ständig auf vollen Touren laufende Stoffwechsel eines Säugetiers benötigt mehr oder weniger ununterbrochen Brennstoffzufuhr in Form von Nahrung. Vor allem in den harten Wintermonaten kann das zu einem lebensbedrohlichen Problem werden. Reptilien können dagegen ohne Schwierigkeiten einige Monate hungern, in dieser Zeit läuft ihr Stoffwechsel auf Sparflamme. Den unwirtlichen Winter überstehen sie problemlos in einer Kältestarre, somit entfällt auch das Problem der Nahrungsbeschaffung in dieser Zeit komplett. Um eine optimale Betriebstemperatur zu erreichen, genügt ihnen das energetisch gesehen »kostenlose« Solarium auf besonntem Totholz oder aufgeheizten Steinen. Amphibien sind bei der Eiablage an das Wasser gebunden, Reptilien legen ihre mit einer ledrigen Schale umgebenen Eier an Land ab. Häufig werden die Eigelege vergraben und nur durch die Sonnenwärme »ausgebrütet«.

Die Waldeidechse gehört zu den lebend gebärenden Eidechsen. Zweieinhalb bis drei Monate nach der Paarung werden die Jungtiere (Viviparie) beziehungsweise die Eier mit schlupffertigen Jungtieren (Ovoviviparie) abgesetzt. Bei der Ovoviviparie befreien sich die 15 bis 25 Millimeter langen Jungtiere kurz nach der Geburt aus den dünnen Eischalen. Im

Falle der Viviparie ist die weibliche Eidechse durch die Entwicklung der Jungen in ihrem Körper nicht mehr an Eiablageplätze mit günstigen Feuchtigkeits- und Temperaturverhältnissen gebunden und kann auch kältere und feuchtere Lebensräume erobern. Für die optimale Entwicklung der Jungen in ihrem Körper benötigt sie aber dennoch ausgedehnte Sonnenbäder, die häufig auf Wurzelstrünken und Baumstämmen stattfinden. Neben dem Wellness-Wärme-Effekt bieten räumlich verschachtelte Totholzstrukturen auch optimale Versteckmöglichkeiten in unmittelbarer Nähe der Sonnenplätze. Dazu gehören ausgefaulte Baumstümpfe, Hohlräume im Totholz oder Spalten unter abplatzender Borke. Bei Störung und Gefahr kann die Sonnenanbeterin sofort in Deckung abtauchen.

Dicke, bemooste, liegende Stämme, die schon weiter verrottet sind, speichern viel Wasser. Einen Teil der Feuchtigkeit geben sie kontinuierlich durch Verdunstung ab, wodurch ein ausgeglichenes, feuchtes Kleinklima in ihrem unmittelbaren Umfeld entsteht. Dort finden vor allem die feuchtigkeitsliebenden Amphibien optimale Schlupfwinkel, zum Beispiel der Feuersalamander. Der in Gefangenschaft bis zu 50 Jahre alt werdende Lurch mit der unverkennbaren schwarz-gelben Warntracht besiedelt feuchte Laubwälder. Den Tag verbringt er gerne unter dicken Totholzstämmen oder in modrigen Baumstümpfen entlang von Bächen. In deren Schutz verbergen sich auch viele seiner Beutetiere wie Würmer, Schnecken, Asseln und Tausendfüßer, denen er dann während der Nacht nachstellt. Auch die im Wasser lebenden Larven des Feuersalamanders verstecken sich gerne unter vom Wasser überspültem Totholz und unter Wurzeln.

Erben der Dinosaurier – die Vögel

Rund zwei Drittel der waldbewohnenden Vogelarten sind auf Totholz angewiesen: Zu ihnen zählen Meisen, Kleiber, Dohlen, Stare, Spechte, Raufußkauz, Sperlingskauz oder Steinkauz. Sie nutzen den Insektenreichtum als Nahrungsquelle, Höhlen und lose Borke bieten Versteckmöglichkeiten und Brutplätze. Häufig werden Totholzstrukturen auch als Singwarten und Balzplätze genutzt.

Zu den Vögeln, die am meisten von einem reichhaltigen Totholzangebot profitieren, gehören sicherlich die Spechte. Sie zimmern ihre Nisthöhlen in angemorschtes Holz, ihre lange, klebrige und mit Borsten versehene Zunge ertastet selbst tief in Fraßgängen im Holz verborgene Insektenlarven und ihre Reviermarkierung besteht aus weithin hallenden Schnabeltrommelsalven an abgestorbenen Stämmen. Die Mehrzahl der weltweit 216 bisher bekannten Spechtarten sind daher typische Waldbewohner.

Eine Reihe von anatomischen Anpassungen erleichtert ihr – im wahrsten Sinne des Wortes – »behämmertes« Dasein.

So erlauben die beiden Wendezehen an den Füßen (außer beim Dreizehenspecht) und der Stützschwanz mit verstärkten Federkielen jedem Specht eine mühelose Fortbewegung an den senkrechten Baumstämmen.

Wer seinen Kopf mit einer Frequenz von 20 Schlägen pro Sekunde und einer Geschwindigkeit von 30 Kilometern pro Stunde gegen massives Holz donnert, und das bis zu 12000 Mal pro Tag, sollte eigentlich Anwärter auf massive Kopfschmerzen sein. Dennoch liegt der Aspirinverbrauch der Spechte bei praktisch null. Durch eine Reihe raffinierter anatomischer Anpassungen wird eine Gehirnerschütterung minimiert: Spechte haben eine stark entwickelte Halsmuskulatur, die die Wucht des Schlages an den Körper weiterleitet. Unmittelbar vor jedem Aufschlag werden diese Muskeln stark angespannt. Das Gehirn ist von einem Flüssigkeitspolster umgeben, das als Stoßdämpfer wirkt. Bei einem menschlichen Boxer, der einen Kopftreffer kassiert, prallt das Gehirn dagegen fast ungebremst gegen die Schädelwand. Die Folge ist der klassische Knockout. Die knöcherne Hülle des Schädels ist bei Spechten robuster als bei anderen Vögeln. Außerdem ist der Schnabel über Knorpelstrukturen, die ebenfalls als Stoßdämpfer wirken, flexibel mit der Schädelkapsel verbunden.

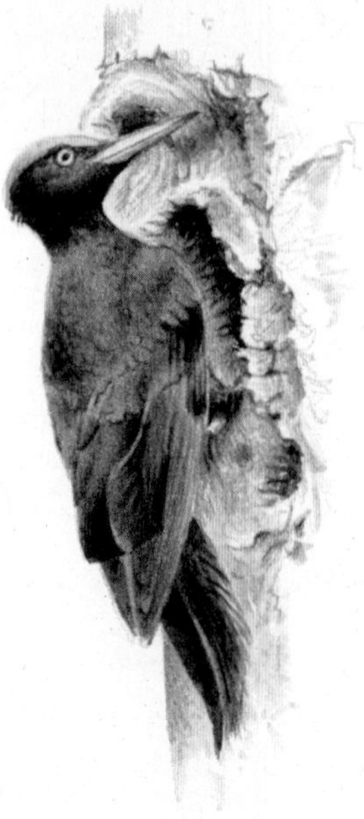

Akustische Zurückhaltung gehört sicherlich nicht zu den Stärken der Spechte, ihre Anwesenheit ist schon aus weiter Entfernung offensichtlich oder besser »offenhörlich«. Ihr Signaltrommeln unterscheidet sich durch seine hohe Frequenz deutlich vom normalen »Futterhacken«. So besteht beispielsweise der Trommelwirbel des Schwarzspechts aus etwa 40 Schlägen in zweieinhalb Sekunden, der des Grauspechts aus 30 Schlägen pro Sekunde. Mittelspechte trommeln nicht, Grünspechte nur selten, ansonsten greifen alle Spechte auf dieses Mittel der Reviermarkierung zurück. Speziell Totholz bietet einen Klangkörper mit guter Resonanz und macht im weiten Umkreis sämtliche Nebenbuhler und Weibchen auf den Revierinhaber aufmerksam. Einen Gesang im herkömmlichen Sinn haben Spechte daher nicht entwickelt, die Fernwirkung des Trommelns erfüllt ihren Zweck. In manchen Gegenden haben Spechte – sehr zur Freude der Anlieger – außerdem die hervorragenden akustischen Eigenschaften von Wellblechdächern entdeckt.

Ihre Nahrung – vor allem Insekten – erbeuten Spechte auf vielfältige Weise: durch Hacken und Stochern in Spalten und Ritzen, Abschälen von Borkenplatten, Einsatz der (beim Grünspecht 10 Zentimeter) langen, mit Borsten besetzten Zunge als »Insektenlarven-Harpune«, Zerhacken von Baumstümpfen und umgestürzten Stämmen, Absuchen von Insekten auf den Oberflächen der Bäume, Aufgraben von Ameisenhaufen, Meißeln von Höhlen in von Holzameisen besiedelte Stämme oder Zerhacken von Fichten-, Tannen- und Lärchenzapfen.

Lediglich die größte einheimische Art, der Schwarzspecht, ist mit seinem mächtigen Schnabel in der Lage, in absoluten Ausnahmefällen seine Nisthöhlen auch in lebende, gesunde Buchenstämme zu zimmern, alle anderen Spechtarten bevorzugen für diesen Zweck vorgeschädigtes (Astlöcher, Bruchstellen, Faulstellen) oder bereits abgestorbenes Holz.

Lebensraum für Spechte erhalten

Wichtig für die Bestandssicherung der einheimischen Spechtarten sind:

- **Naturnaher Waldbau mit viel Altholz:** Dazu gehören eine standortgerechte Bestockung mit ausschließlich einheimischen Baumarten wie Stiel- und Traubeneiche, Berg- und Feldulme, Rotbuche, Hainbuche oder Bergahorn. Vor allem alte Bäume sind ökologisch besonders wertvoll. Sie tragen tote Äste, kleine Faulhöhlen, Bruchstellen, Borkenschäden und eine Vielzahl anderer Kleinstrukturen. Alte Bäume sind Lebensräume für zahllose Insekten und deren Larven und bieten den Spechten damit auch in den Wintermonaten einen reich gedeckten Tisch. Erst ab einem Alter von 80 Jahren beginnen Bäume für Spechte interessant zu werden, denn Höhlen findet man nur in Stämmen mit einem bestimmten Minimaldurchmesser. So zimmert der Schwarzspecht *(Dryocopus martius)* seine Höhlen erst ab einem Stammdurchmesser von etwa 40 Zentimetern in Höhlenhöhe (8 bis 12 Meter). In der Regel werden die Bäume aber schon lange vor Erreichen ihres Seniorenalters gefällt, daher sollten möglichst lange Umtriebszeiten (das heißt die Zeit von der Pflanzung bis zum Holzeinschlag) angestrebt werden.
- **Stehendes Totholz:** Als Wohlfühlmenge für den Dreizehenspecht wurde im Schweizer Alpenraum ein Minimalbedarf von 20 Kubikmeter stehendes Totholz pro Hektar ermittelt.
- **Höhlenbäume:** Höhlen werden keineswegs willkürlich in jeden Baum gezimmert, für jede Spechtart müssen bestimmte Minimalanforderungen (Baumart, Dicke, Standort oder Vermorschungsgrad) erfüllt sein. Dreizehenspechte *(Picoides tridactylus)* zimmern ihre Höhlen überwiegend in absterbende oder abgestorbene Fichten, der zierliche Kleinspecht *(Dendrocopos minor)* bevorzugt Weichhölzer wie Weiden und Pappeln. Bäume mit bereits bestehenden Höhlen sind besonders wertvoll, auch im Hinblick auf mögliche Nachmieter, sie sollten daher auf keinen Fall gefällt werden. Neue Höhlen werden häufig in vorhandene Höhlenbäume gezimmert.
- **Hohe abgestorbene Baumstümpfe:** Sie werden gerne von Rossameisen der Gattung *Camponotus* besiedelt, für Spechte ein wichtiges Lebensmitteldepot für nahrungsarme Zeiten.
- **Schutzgebiete** in Form größerer Wälder ohne wirtschaftliche Nutzung.

Alte Spechthöhlen stehen auf dem Wohnungsmarkt hoch im Kurs und locken eine ganze Reihe von Nachmietern an, denn die meisten Höhlenbrüter können ihre Quartiere nicht selbst zimmern und sind daher auf bezugsfertige Wohnungen angewiesen. Wer das zarte Schnäbelchen einer Blaumeise betrachtet, kann diesen Sachverhalt sicher nachvollziehen. Weidenmeise und Haubenmeise können sich dagegen ihre Höhlen in stark angefaultem und weichem Holz selbst bauen. Meisen, Sperlinge, Kleiber, Gartenrotschwänze, Blauracken, Dohlen, Stare und Hohltauben geben sich als Nachmieter einer Spechthöhle die Klinke in die Hand. Unter den Eulen finden sich Sperlingskauz und Raufußkauz. Auch viele Säugetiere sind einer derart luxuriösen Bleibe nicht abgeneigt: Bilche, wie Baumschläfer, Gartenschläfer und Siebenschläfer, sowie Baummarder, Eichhörnchen, Mäuse und Fledermäuse suchen dort Schutz. Auch Hornissen und andere staatenbildende Wespen können sich in Spechthöhlen ansiedeln.

Spechte sind wichtig für das Ökosystem Wald:

- Die Vögel beeinflussen die Häufigkeit holzfressender Insekten: direkt durch den unmittelbaren Verzehr durch den Specht, indirekt durch die Schaffung von Nistmöglichkeiten für weitere Insektenfresser wie Vögel und Fledermäuse.
- Durch das Zimmern von Nisthöhlen erhöhen Spechte die Arten- und Individuendichten von Höhlenbrütern und schaffen Lebensraum für weitere Folgebesiedler.
- Durch die Hacktätigkeit der Spechte am Holz wird der Abbau des Holzes durch andere Organismen erleichtert und beschleunigt.

Nahe Verwandte – die Säugetiere

Bodenlebende Kleinsäuger wie Spitzmäuse *(Soricidae)* finden auf totholzreichen Flächen (zum Beispiel nach einem Windbruch) optimale Versteckmöglichkeiten und ein reiches Nahrungsangebot in Form von Insekten. Die Rötelmaus *(Myodes glareolus)* und die Gelbhalsmaus *(Apodemus flavicollis)* besiedeln gerne Flächen, wo ihnen Äste, Stämme und Wurzelstöcke Schutz gewähren. Mäuse verbreiten Samen und beim Verzehr von Pilzen deren Sporen, unter anderem auch die Sporen von Mykorrhizapilzen. Manchmal werden die Mäuse Beute des zwischen den Stämmen jagenden Baummarders *(Martes martes)*. Den Tag verschläft der Baummarder häufig als Nachmieter in Eichhörnchenkobeln oder in Schwarzspechthöhlen. Spechthöhlen werden auch gerne vom Eichhörnchen *(Sciurus vulgaris)* und vom Siebenschläfer *(Glis glis)* genutzt.

Besonders häufig zählen aber Fledermäuse zu den sekundären Höhlenbewohnern im Totholz.

Die kapitale Schweinsnasen- oder Hummelfledermaus *(Craseonycteris thonglongyai)* aus Thailand gehört mit einer Körperlänge von 30 Millimetern und einem Gewicht von 2 Gramm zu den kleinsten Säugetieren der Welt. Von allen Säugetieren haben es lediglich die Fledertiere (Flughunde und Fledermäuse) geschafft, den Luftraum zu erobern. Auffällig sind die großen Flughäute der Fledermäuse, die sich über die stark verlängerten Fingerknochen bis zu den Beinen und dem Schwanz spannen. Unsere einheimischen Arten ernähren sich von Hundertfüßern und Spinnen, vor allem aber von Insekten wie Nachtfaltern, Fliegen, Mücken, Netzflüglern (zum Beispiel Florfliegen), Käfern, Raupen und Eintagsfliegen, tropische Arten auch von Früchten und Nektar. Zur Orientierung in der Dunkelheit und zur Ortung der Beutetiere dient ein komplexes Echoortungssystem. Dazu stößt die Fledermaus Ultraschall-Ortungslaute durch Mund oder Nase aus und verrechnet anschließend die von allen Objekten reflektierten Echos, um sich so ein dreidimensionales, akustisches Bild ihrer Umgebung zu machen. Sozusagen eine »soundcard«. Drähten von nur 0,1 Millimeter Durchmesser weicht die Fledermaus mit dieser Methode im Flug problemlos aus.

Beispiele für typische Baumhöhlen bewohnende Fledermausarten sind:

- Mopsfledermaus *(Barbastella barbastellus)*,
- Nordfledermaus *(Eptesicus nilssoni)*,
- Bechsteinfledermaus *(Myotis bechsteinii)*,
- Große Bartfledermaus *(Myotis brandtii)*,
- Wasserfledermaus *(Myotis daubentonii)*,
- Kleiner Abendsegler *(Nyctalus leisleri)*,
- Großer Abendsegler *(Nyctalus noctula)*,
- Rauhautfledermaus *(Pipistrellus nathusii)*,
- Zwergfledermaus *(Pipistrellus pipistrellus)* oder
- Braunes Langohr *(Plecotus auritus)*.

Viele der 25 hierzulande einheimischen Fledermausarten sind eng an den Wald gebunden. Vor allem in älteren Laub- und Laubmischwäldern jagen sie Beute und ziehen ihre Jungen auf. Manche überwintern sogar in hohlen Bäumen. Je älter und totholzreicher der Baumbestand ist, desto günstigere Überlebensbedingungen finden die Fledermäuse. Typische Fledermausquartiere sind verlassene Spechthöhlen, Fäulnishöhlen am Stamm und an dicken Ästen, Spalthöhlen (zum Beispiel infolge von Blitzschlag) und Spalten hinter losen Borkenplatten (siehe auch Seite 49).

Fledermauskästen können eine wertvolle Hilfe sein, wenn natürliche Verstecke weitgehend fehlen, dabei handelt es sich aber immer nur um eine Notlösung. Wichtigstes Ziel sollte die Förderung der wertvollen Originalquartiere sein. Spechtschutz ist daher immer auch Fledermausschutz (siehe auch Seite 119). Anhand von beringten Fledermäusen wurde eine für Kleinsäuger überraschend hohe Lebenserwartung von bis zu 20 Jahren festgestellt. Geeignete Höhlen können von ihren standorttreuen Bewohnern daher über viele Jahre genutzt werden.

Oft werden die Baumhöhlen erst dann verlassen, wenn der untere Bereich bis zur Höhe des Einflugloches völlig mit Kot gefüllt ist. Es gibt Felsenhöhlen, die von vielen Millionen Fledermäusen bewohnt werden. Die dadurch entstandenen bis zu 12 Meter mächtigen Kotschichten werden als »Höhlenguano« abgebaut, ein Pflanzendünger. In diesen Höhlen existiert oft ein komplexes Ökosystem, das auf Guano als Energieträger beruht. Die Rolle der Pflanzenfresser übernehmen dort die Guanofresser (zum Beispiel etliche Käfer- und Schabenarten) und Pilzfresser.

Totholz im eigenen Garten

Der nun folgende Teil des Buches beschäftigt sich mit der Verwendung und den Gestaltungsmöglichkeiten von Totholz in unseren Gärten. Vorab möchte ich aber gerne auf einen Punkt hinweisen, der mir sehr am Herzen liegt. Wenn Sie nach der Lektüre dieses Abschnitts im totholzeuphorisierten Überschwang der Gefühle einen Lkw mieten und damit im Nationalpark Bayerischer Wald auf Raubzug gehen, um die Fundstücke anschließend in Ihrem Garten auszustellen, läge ein gravierendes Missverständnis vor! Totholz in freier Wildbahn erfüllt seinen Zweck am besten dort, wo es steht oder liegt. Behandeln Sie Totholz also wie eine streng geschützte, vom Aussterben bedrohte Art und entnehmen Sie es niemals der freien Natur.

Ganz anders sieht es natürlich aus, wenn auf einem Baugelände alter Baumbestand abgeholzt und zu Brennholz verarbeitet wird. Immer dann, wenn Totholz sinnlos zerstört wird, können und sollten Sie selbstverständlich eingreifen. Bei Durchforstungsmaßnahmen wird das forstwirtschaftlich betrachtet »minderwertige« Holz mit mobilen Hackern an Ort und Stelle zu Hackschnitzeln verarbeitet. Dort findet sich mit Sicherheit geeignetes Material für Ihren Garten. Auch nach Windbrüchen wird oft radikal aufgeräumt. Ein guter Kontakt zu Förstern und Waldbesitzern ist daher immer nützlich und begrüßenswert.

Werkzeuge für Totholz-»Stammhalter«

- **Vorschlaghammer:** Vorschlaghämmer haben Kopfgewichte zwischen 5 bis 15 Kilogramm und sind gut geeignet, um angespitzte Pfosten in die Erde zu schlagen. Bei mangelnder Zielsicherheit (»Streifschüsse«) und hartem Boden wird der Pfahl an der Aufschlagstelle ziemlich lädiert.
- **Schonhammer:** Dieser Hammertyp besitzt einen Kopf aus Kunststoff (zum Beispiel Nylon) oder Holz. Durch die breite Aufschlagfläche und das relativ weiche Material wird die Schlagkraft übertragen, ohne den Pfosten zu beschädigen. Der Rückschlag ist – verglichen mit dem eines Vorschlaghammers – deutlich reduziert.
- **Pfahlramme** (Handramme, Schlagkatze): Eine Pfahlramme besteht aus einem massiven Metallrohr, das an einer Seite geschlossen ist und mit der offenen Seite über den einzuschlagenden Pfosten gestülpt wird. Seitlich sind zwei Griffe angeschweißt, mit denen die Pfahlramme über dem Pfosten angehoben und wieder fallen gelassen wird. Im Handel sind Typen für Pfahldurchmesser bis zu 15 Zentimeter mit Gewichten bis zu 16 Kilogramm erhältlich. Im Gegensatz zu einem Vorschlaghammer kann man mit der Pfahlramme nicht danebenhauen, ihr Einsatz ist aber ziemlich muskelintensiv.
- **Lochspaten** (Lochschaufel, Lochzange, Schaufelzange): Der Lochspaten gleicht einer Zange mit langen Griffen, bei der die Zangenbacken durch Spatenblätter ersetzt wurden. Damit lassen sich sehr komfortabel Löcher für Pfosten ausschachten. Durch eine verstellbare Kette zwischen den Schaufelstielen kann die maximale Lochweite festgelegt werden.
- **Erdbohrer:** Erdbohrer, die wie überdimensionierte Korkenzieher aussehen, gibt es in manueller und motorisierter Form. Die Bohrer sind austauschbar und in verschiedenen Durchmessern und Längen erhältlich.

Vom großen Wald zum kleinen Garten

Die ökologische Bewirtschaftung unserer Wälder sollte allen Naturschützern am Herzen liegen, denn dort ruht unter anderem das Totholzpotential der Zukunft. Ein anzustrebendes Ziel ist es, den Totholzanteil in unseren Wäldern kontinuierlich weiter zu erhöhen. Wichtig sind auch die Förderung standortgerechter Mischwälder und die Anlage von Schutzzonen und Nationalparks, in denen jede Form der Bewirtschaftung komplett eingestellt wird. Den Erfolg einer solchen Strategie können wir zum Beispiel im Nationalpark Bayerischer Wald auf den über 25 Jahre alten Windwurfflächen von 1990 (Wirbelstürme Wiebke und Vivian) bewundern (siehe auch Seite 52).

Totholz kann und sollte aber durchaus auch eine Rolle in unseren Gärten spielen! In diesem vertrauten Umfeld kann jeder Naturfreund in überschaubarem Rahmen schalten und walten, wie er möchte, und selbst Erfahrung mit dieser faszinierenden Materie sammeln. Zum einen schaffen wir damit neue Lebensräume für Pflanzen und Tiere, zum anderen sensibilisieren wir unser Umfeld für das Thema Totholz und halten es in der allgemeinen Diskussion. Unsere Gärten bergen ein ökologisches Potential, das häufig nicht erkannt und viel zu wenig erschlossen wird.

Totholz im Naturgarten

In welchem Ausmaß die von uns im Garten geschaffenen Totholzprojekte besiedelt werden, hängt in erster Linie vom natürlichen Umfeld ab. Es wäre naiv, seltene Rote-Liste-Arten im Garten zu erwarten, wenn wir von güllegedüngten Wiesen umzingelt sind. Dennoch sollten uns selbst derart trostlose Bedingungen nicht abschrecken! Jedes Lebewesen, das in unseren Gärten Zuflucht findet, kann ein Gewinn sein. Was heute eine Allerweltsart ist, kann morgen eventuell bereits selten sein. Unser Umfeld können wir nur bedingt verändern, den eigenen Garten dagegen sehr wohl. Ein Netz von Naturgärten könnte eine wichtige Trittsteinfunktion für einzelne Waldarten haben.

Um das Potential von Totholz möglichst vollständig auszuschöpfen, braucht es auch im Garten den passenden Rahmen. Der ökologische

Wert eines Gartens wächst mit der Vielfalt an räumlichen Kleinstrukturen und dem Einsatz einheimischer Pflanzenarten. In einem Naturgarten lässt sich strukturelle Vielfalt bereits auf kleinstem Raum verwirklichen. Das Gelände wird durch Hügel, Senken, Gräben, Trockenmauern und Treppen modelliert. Wildsträucher, Kräuterbeete, Sumpfgräben, Teiche, Blumenwiesen, Blumenschotterrasen, Natursteintreppen, Heckensäume, Hochstaudenfluren und Ruderalflächen gehören zu den typischen Elementen eines Naturgartens und bieten jeweils zahlreiche Lebens(t)räume.

Kernstück der Naturgartenphilosophie ist der Einsatz einheimischer Pflanzenarten. Alle Tier- und Pflanzenarten Mitteleuropas haben sich im Verlauf der Evolution optimal aneinander angepasst. Von jeder einheimischen Wildpflanzenart sind durchschnittlich etwa 10 verschiedene Tierarten abhängig (Durchschnittswert, es gibt große Unterschiede zwischen den einzelnen Pflanzenarten). Die Tiere saugen Pflanzensäfte, fressen Blätter, Wurzeln, Blüten oder Samen, sammeln Pollen und Nektar, produzieren Blattgallen, parasitieren oder fressen die verschiedenen »Bewohner« dieser Pflanze. Jede Pflanzenart bietet verschiedene ökologische Nischen, die von einer Vielzahl von darauf spezialisierten Tieren besiedelt werden. Exotische Pflanzen wie die chinesische Forsythie, die südafrikanische Pelargonie (»Geranie«) oder die südamerikanischen Fuchsien werden von der einheimischen Tierwelt dagegen nur in geringem Umfang oder fast gar nicht genutzt. Besonders kritisch sind auch Arten mit komplett »gefüllten« Blüten, bei denen die Staubblätter züchterisch in Blütenblätter (Kronblätter) umgewandelt wurden, zum Beispiel bei vielen Rosen. Die Wirkung des Schauapparates wird damit verstärkt, die angelockten Insekten finden aber keinerlei Pollen und vergeuden so ihre Energie völlig sinnlos. Der aus China stammende Schmetterlingsstrauch *(Buddleja davidii)* zieht Schmetterlinge magisch an und findet sich in vielen Gärten. Dennoch sind viele Schmetterlingsarten in ihrem Bestand gefährdet, weil die – ausschließlich einheimischen – Futterpflanzen für die Raupen fehlen. So ist der stark bedrohte Apollofalter *(Parnassius apollo)* auf die Große Fetthenne *(Sedum telephium)* und die Weiße Fetthenne *(Sedum album)* angewiesen, der Kaisermantel *(Argynnis paphia)* auf verschiedene Veilchenarten. Die meisten Falter können auf viele verschiedene Nektarquellen zugreifen, sind also in dieser Hinsicht nicht zwingend auf den Schmetterlingsstrauch angewiesen. Die Eiablage

Ein Naturgarten: Dort lässt sich auch auf kleinstem Raum eine strukturelle Vielfalt verwirklichen.

erfolgt in der Regel aber nur an einer oder wenigen Futterpflanzenarten der Raupe. Die Raupe ist von diesen Futterpflanzen abhängig und würde eher verhungern als sie wechseln.

Mehr als 4000 einheimische Pflanzenarten warten auf den Einsatz im Garten, fast 1500 dieser Arten sind bereits im Sortiment von Naturgärtnereien enthalten. Einheimische Wildpflanzen in guter Qualität findet man allerdings nicht im Baumarkt um die Ecke. Dort stößt man eher auf genormte Massenprodukte, das botanische Äquivalent zum Fast Food. Häufig werden dort bestimmte Sorten oder züchterisch veränderte Arten als »Wildformen« angeboten. Regionalen Anbau sucht man vergebens. Glücklicherweise gibt es Gärtnereien, die sich seit vielen Jahren auf einheimische Arten spezialisiert haben und Wildpflanzen und -samen anbieten (siehe Seite 175).

Ein artenreicher Naturgarten zieht die einheimische Tierwelt geradezu magisch an, die Artenvielfalt ist immer wieder beeindruckend. In einem solchen Umfeld ist Totholz eine wesentliche Ergänzung. Ein Beispiel: Die Larven der meisten Bockkäferarten ernähren sich von Holz, die

»erwachsenen« Käfer dagegen fressen Pollen, Blütenteile, Baumsäfte und Blätter. In einem Naturgarten mit Totholz können beide Generationen ihre völlig unterschiedlichen Bedürfnisse stillen.

Die lieben Nachbarn

Wenn Sie sich in einem von samtigen Golfrasen und akkurat geschnittenen Hecken geprägten, eher konservativen Gartenumfeld bewegen, stoßen Sie mit Ihren Totholzaktionen möglicherweise auf nur verhaltene Begeisterung. Sollten Sie sich in solch einem Fall allen Ernstes weigern, abgestorbene Äste an Ihrem Obstbaum zu entfernen, und stattdessen mit leuchtenden Augen von den Freuden einer Totholzpyramide schwärmen, werden Sie bestenfalls mit einem ratlosen Kopfschütteln in die Kategorie »Spinner« eingeordnet. Ein größeres Kompliment kann man Ihnen gar nicht machen! Spinner sind fantasievolle und kreative Menschen, die sich dickköpfig weigern, immer mit dem Strom zu schwimmen, nur weil »man« es eben so macht und schon immer so gemacht hat. Häufig hinterfragen Spinner klassische Verhaltensmuster und suchen nach neuen Wegen. Nicht selten besitzen sie die Hartnäckigkeit und Energie, ihre Träume auch praktisch umzusetzen. Spinner sind aus Sicht des DIN-genormten Bürgers unberechenbar und damit beängstigend,

schließlich weiß man nie, in welche Richtung ihr kreatives Potential als Nächstes explodieren wird. Akzeptieren Sie diesen »Titel« also als Kompliment und holen Sie Ihre Nachbarn da ab, wo diese gerade emotional stehen. Gespräche, ein Tag der offenen Gartentür oder selbst verfasste Infobroschüren können hierbei hilfreich sein und Vorurteile abbauen.

In England ist es üblich, mit Informationstafeln auf Besonderheiten im Garten hinzuweisen. Auf diese Weise profitieren Passanten und interessierte Besucher von diesen Informationen. Ein skeptischer Blick über den Gartenzaun sollte Sie nicht ärgern, sondern eventuell Anlass zu einem gemeinsamen Gartenrundgang geben. Irritation und Ratlosigkeit können durch Ihre Erklärungen durchaus in Interesse umschlagen.

Gib mir Geduld – SOFORT!

Auch wenn es eigentlich selbstverständlich ist, soll hier noch einmal dezent darauf hingewiesen werden: Die Verrottung von Totholz ist definitiv nichts für eilige Zeitgenossen! Im Falle der Eiche kann dieser Prozess Jahrhunderte dauern. Das ist natürlich ein Extremwert, aber auf Jahre oder Jahrzehnte müssen wir uns durchaus einstellen. Dabei können wir uns allerdings völlig entspannt zurücklehnen und uns auf die Beobachtung beschränken. Wir müssen nicht hegen und pflegen, sondern können den Dingen ihren natürlichen Lauf lassen.

Feuchtigkeit und Schatten wirken sich dabei allgemein beschleunigend auf den Verrottungsprozess aus, aufrecht stehendes Totholz in praller Sonne hält sich am längsten. Wer sein Temperament nicht im Zaum zu halten vermag, kann auch Weichhölzer wie Weide oder Pappel verwenden. Erle, Fichte, Kiefer und Lärche besitzen ebenfalls vergleichsweise geringe Härten und verrotten daher schneller als Harthölzer wie Buche, Eiche und Esche. Die tägliche Kontrolle des Verrottungsprozesses ist zwar löblich, bei objektiver Betrachtung aber doch nur mäßig sinnvoll. Lassen Sie es also langsam angehen! Manchmal hilft auch ein Austausch mit dem örtlichen Förster. Wenn Sie Glück haben, können Sie bei Durchforstungsmaßnahmen abgestorbene und angemorschte Stämme und Äste für Ihren Garten retten, die sonst unweigerlich im Hackschnitzelhäcksler landen würden.

Jetzt wird es praktisch!

Im Folgenden finden Sie einige Beispiele für die Verwendung von Totholz im Garten. Dazu gehören Zäune, Nisthilfen für Wildbienen, Kopfweiden, Hackschnitzel, Holzmieten, Palisaden, Totholzpyramiden, Käferbeete, Totholzzäune oder Pilzzucht auf Totholz. Sie haben die Wahl!

Zäune

Manche Menschen stürzen sich mit geradezu kindlichem Eifer auf jeden Quadratmillimeter unbehandelte Holzoberfläche, um das Holz mit Farben, Lacken und Lasuren zu behandeln, wodurch es seiner natürlichen Identität beraubt wird. Bei Naturholzfenstern ist diese Vorgehensweise nachvollziehbar, bei einem Gartenzaun ist sie es nicht. Der Einsatz des bestialisch nach Steinkohlenteer stinkenden (und inzwischen wegen seiner krebserregenden Wirkung verbotenen) Carbolineums gehört mit Sicherheit zu den eher traumatischen Kindheitserinnerungen. Die natürliche Haltbarkeit naturbelassener Zäune genügt in der Regel vollkommen, sparen wir uns also diesen energetischen Overkill für sinnvollere Projekte.

Tipps zum Einschlagen von Pfosten und Stämmen

- Dünne Pfosten lassen sich in angespitztem Zustand gut mit Vorschlaghammer, Schonhammer oder Pfahlramme in den Boden schlagen. Bei hartem Boden oder größerem Pfahldurchmesser ist es sinnvoll, mit einem Erdbohrer vorzubohren, dessen Durchmesser etwas kleiner oder gleich groß wie der Pfahldurchmesser ist, um einen Teil des Bodens zu entfernen. Erst dann wird der Pfahl eingeschlagen.
- Auch mit dem Lochspaten lässt sich schnell ein Loch mit einem einigermaßen definierten Umfang graben.
- Wenn das Loch nur wenig größer als der Pfahl ist, kann der Hohlraum nach dem Einsetzen des Pfahls mit feinem Sand eingeschlämmt werden. Alternativ kann man das Loch 5 bis 10 Zentimeter breiter graben, den Stamm positionieren und anschließend schichtweise Sand oder Erde in den Spalt füllen und mit einem Stampfholz verdichten.

Die Totholz-Hitliste

Totholz bietet unzählige ökologische Nischen. Je nach Seltenheit der Nischen und der Gefährdung aller davon abhängigen Arten lässt sich eine Art Totholz-Werteskala erstellen:

- Laubholz ist artenreicher als Nadelholz, Buche und Eiche werden dabei am stärksten besiedelt.
- Starke Stämme sind wertvoller als Äste.
- Alte Bäume sind wertvoller als junge Bäume.
- Bruchstellen sind wertvoller als gerade Schnittstellen.
- Besonntes Totholz ist wertvoller als Totholz im Schatten.
- Aufrecht stehendes Totholz ist wertvoller als liegendes Totholz.
- Totholz mit Rinde ist wertvoller als geschälte Stämme.
- Mulmhöhlen und besonntes Totholz im Baumkronenbereich beherbergen äußerst seltene Arten.
- Ganz generell: Vielfalt ist besser als Einfalt!

Wird Holz längere Zeit der ultraviolettreichen Sonnenstrahlung ausgesetzt, baut sich an der Oberfläche zunächst das bräunlich gefärbte Lignin ab. Zurück bleibt die samtige, graufilzige Zellulose. Derart natürlich verwitterte Holzflächen sind schön – man muss nur den Mut haben, sich auf diese Art Schönheit einzulassen. Im Sommer sieht man an solchen Zäunen immer wieder Hornissen und andere soziale Wespen, die mit ihren Kieferklauen die Zellulosefasern abschaben. Mit Speichel vermengt, bilden sie ein wasserabweisendes, extrem leichtes Nestbaumaterial mit hervorragenden Isolationseigenschaften. An etwas feuchteren Stellen siedeln sich kleine Moospolster an, auch die klassischen Sommersprossen in Form von verschiedenen Flechtenarten stellen sich nach und nach unweigerlich ein. Die Stabilität des Zauns wird durch diese Untermieter nicht beeinträchtigt, barbarische Säuberungsaktionen mit Stahlbürste, Dampfstrahler oder Hochdruckreiniger sind völlig überflüssig. Feuchte Stellen am Holz, die schneller faulen als trockenes Holz, entstehen vor allem im Kontaktbereich zwischen Holz und Erdboden. Die Feuchtigkeit in kleinen Moospolstern am Holz ist für Fäulnisprozesse vernachlässigbar. Natur ist zwar geordnet, aber niemals ordentlich!

Zaunpfähle, die nicht entrindet wurden, sind ökologisch besonders wertvoll, da sich viele Insektenarten in oder unter der Rinde entwickeln. Wenn die Rinde dann schließlich nach und nach abblättert, wird das freiliegende Holz von anderen Arten besiedelt. Bei entrindeten Zaunpfählen kann der erste Schritt der Besiedelung dagegen nicht stattfinden. Trotzdem ist ein geschälter, unbehandelter Holzpfahl aus ökologischer Sicht immer noch um Längen besser als kesseldruckimprägnierte Produkte.

Hölzerne Zaunpfähle stellen wichtige Lebensräume für solitäre Wildbienen dar, vor allem, wenn sonstige Totholzstrukturen weitgehend fehlen (zum Beispiel bei eingezäunten Weideflächen). In den verlassenen Fraßgängen von Insektenlarven legen die Wildbienen ihre Brutzellen an, in denen sich ihr Nachwuchs entwickelt.

Falls der Zaun irgendwann doch zu morsch wird, sollte er an einer ruhigen Stelle im Garten seinen letzten Ruheplatz finden oder auf unserem – hoffentlich vorhandenen – Reisighaufen landen. Unbehandeltes Totholz zu verbrennen, ist immer das Todesurteil für alle darin lebenden Arten.

Eine sehr langlebige und optisch ansprechende Zaunvariante sind Staketenzäune aus handgespaltenem Edelkastanienholz *(Castanea sativa)*. Rollstaketenzäune, bei denen die Einzelelemente durch galvanisierten Draht miteinander verbunden sind, lassen sich auch in unebenem Gelände leicht aufstellen. Da alle Staketen individuell geformt sind und keine Stakete der anderen gleicht, entsteht ein sehr natürlicher Eindruck. Auch die Abstände zwischen den einzelnen Staketen variieren bei dieser Zaunvariante immer etwas. Zäune, bei denen die Staketen auf quer verlaufende Zaunriegel genagelt werden, wirken dagegen eher »brav«. Durch den hohen Gerbsäuregehalt ist das Kernholz der Edelkastanie extrem witterungsbeständig und wird nur sehr langsam von Pilzen abgebaut, die Lebensdauer liegt daher bei über 25 Jahren. Nach ein bis zwei Jahren ist der natürliche Vergrauungsprozess abgeschlossen, ab diesem Zeitpunkt bleibt der Grauton des Holzes weitgehend unverändert.

Wer Wespen und Bienen etwas Gutes tun will, kann die Zaunpfähle zusätzlich mit Bohrungen als Nistangebote versehen (siehe Seite 134).

Durch Trocknungsprozesse entstehen auch ohne künstliche Einwirkung Risse im Holz. Die eingedrungene Feuchtigkeit trocknet aber gut wieder ab, und die natürliche Imprägnierung durch Gerbsäure schützt das Innere sowohl der natürlichen Risse wie auch der künstlichen Boh-

Ein Zaun als Lebensraum: Natürlich verwitterte Holzflächen, samtig grau, mit Moos und Sommersprossen in Form von Flechten bewachsen, sind schön – man muss nur den Mut haben, sich auf diese Art von Schönheit einzulassen.

rungen lange Zeit vor Pilzbefall. An der Stabilität und Lebenserwartung des Pfostens ändert sich durch die Bohrungen daher so gut wie nichts, es sei denn, Sie durchlöchern ihn wie ein Sieb.

Nisthilfen für Wildbienen

Drei Viertel aller Wildbienenarten nisten in selbst gegrabenen Gängen im Boden, deshalb sollten wir uns als Erstes unbedingt um diese bodenbewohnenden Arten kümmern. Sonnige, nur lückig bewachsene Flächen aus Löß, lehmigem Sand und Sand von mindestens 50 Zentimeter Tiefe bieten diesen Arten wertvolle und leicht zu besiedelnde Nistgelegenheiten in unseren Gärten. Bereits ein einziger Quadratmeter kann hierbei hilfreich sein. Flächen dieser Art unter breiten Dachvorsprüngen sind besonders gut geeignet, weil sie vor Regen geschützt sind. Weil dort in der Regel aufgrund der Trockenheit sowieso kaum etwas wächst, kann man diesen schmalen Streifen auch für Wildbienen reservieren. Wenn wir im

restlichen Garten gleichzeitig noch ein breites Spektrum an einheimischen Wildstauden als Pollen- und Nektarlieferanten anbieten, steigern wir die Wahrscheinlichkeit für eine Ansiedelung von Wildbienen erheblich.

Im Gegensatz zu den Bodenbewohnern sind viele solitäre Wildbienen- und Wespenarten bei der Anlage ihrer Brutzellen auf natürliche Hohlräume im Totholz angewiesen. Häufig handelt es sich bei diesen Hohlräumen um die Fraßgänge anderer Insekten, zum Beispiel Käferlarven. Andere Wildbienen nagen ihre Gänge in markhaltige Stängel oder in bereits morsches Totholz. Da derartige Nistmöglichkeiten in freier Wildbahn häufig Mangelware geworden sind, können wir durch das Anbieten von Nisthilfen praktischen Naturschutz leisten. Der unter anderem auch auf Wildbienen spezialisierte Biologe Dr. Paul Westrich bestimmte in seinem Garten 125 verschiedene Arten. Immerhin 35 davon siedelten in seinen Nisthilfen (siehe auch Seite 175).

Eine hohe Bestandsdichte an solitären Wildbienen und Wespen lockt auch die entsprechenden Parasitoide an: Raupenfliegen, die Taufliegenart *Cacoxenus indagator*, Schlupfwespen, Erzwespen, Keulenwespen und andere. Sie sind ganz natürliche Bestandteile des Systems und wir sollten uns über die Gelegenheit zur Beobachtung freuen. Sie zu töten, nur um »unsere« Insekten zu schützen, wäre grundverkehrt! Selbst wenn der Wildbienenbestand durch eine Massenvermehrung der Parasitoide komplett zusammenbrechen sollte, wird bereits im Folgejahr meist wieder eine Neubesiedelung erfolgen. Sehen Sie eine solche Entwicklung also gelassen und freuen Sie sich vielmehr über die Vielfalt der Natur.

Nistmaterialien

An dieser Stelle folgen einige Appetithäppchen zum Bau von Nisthilfen für Wildbienen. Ist die Neugier geweckt, empfehle ich Ihnen zum Weiterlesen mein Buch »Fertig zum Einzug: Nisthilfen für Wildbienen«.

Hartholz mit Bohrgängen

Zum Bau einer Nisthilfe aus Hartholz wird nur gut abgelagertes, trockenes Hartholz (wie Ahorn, Esche, Buche, Eiche oder Obstbäume) verwendet. Für kleine Nisthilfen reichen Holzklötze, für ein Insektenhaus bieten sich Stämme oder Balken an. Bei feuchtem Holz besteht allgemein die Gefahr der Verpilzung, bei Nadelholz (Fichte, Tanne, Kiefer, Lärche) stellen sich außerdem die Holzfasern in den Bohrgängen auf, eine ständige Gefahr für die empfindlichen Flügel der Bienen. Außerdem besteht in diesem Fall immer die Gefahr von Harzabsonderungen, an denen die Bienen festkleben würden.

In das Holz werden Löcher von 2 bis 10 Millimeter Durchmesser und Tiefe einer Bohrerlänge gebohrt. Lochdurchmesser von 3 bis 6 Millimeter sollten dabei dominieren, dort finden die meisten einheimischen Arten Unterschlupf. Die unterschiedlichen Bienenarten wählen ihre Niströhren nach dem Kopfdurchmesser, sie besiedeln also am liebsten solche Gänge, in die sie knapp hineinpassen. Buchenholz reißt relativ leicht, die einzelnen Bohrungen sollten in diesem Fall mindestens 2 Zentimeter auseinanderliegen. Gespaltene Gänge werden von den Bienen instinktiv gemieden, weil dort leichter Parasiten eindringen können. Falls alle Gänge mit einem bestimmten Durchmesser besiedelt sind, sollte man weitere Stämme mit dieser Lochgröße nachliefern, um die Nachfrage zu befriedigen. Zum Schluss wird die Holzoberfläche mit feinem Sandpapier (Schwingschleifer) geglättet, damit an den Nesteingängen keine Fasern stehen bleiben. Das Bohrmehl wird aus den Löchern herausgeklopft und die Wildbienen können endlich den Mietvertrag unterschreiben.

Im Insektenhaus werden die einzelnen Stämme übereinandergestapelt. Kleinere Klötze werden so aufgehängt, dass sie nicht frei pendeln, sondern mit einer Seite an einer Wand oder Ähnlichem anliegen.

Schilfrohrmatten

Mit Schilfrohrmatten lassen sich sehr einfach große Mengen an Niströhren zur Verfügung stellen. Die Matte wird mit einer Kreissäge, einer fein gezähnten Säge oder einer scharfen Gartenschere quer zu den Halmen in etwa 30 Zentimeter breite Bahnen zerteilt. Ganz entscheidend für die Insekten ist dabei eine glatte, saubere Schnittkante. Die Stücke werden aufgerollt und können nun einfach aufeinandergestapelt werden.

Für kleinere Bienen und Wespenarten kann auch eine Dose dicht gepackt mit Naturstrohhalmen gefüllt werden. In Plastikstrohhalmen gedeihen durch die Bildung von Kondenswasser nur Schimmelpilze, die Bienenbrut stirbt dadurch ab. Um die Strohhalme in der Dose zu fixieren und gleichzeitig an einem Ende zu verschließen, werden sie in eine Schicht von flüssigem Gips am Boden der Dose gedrückt. Lose Halme werden sonst auch von Meisen aus der Dose gezogen und aufgepickt, Bienenbrut ist immer ein begehrter Leckerbissen. Ein hungriger Specht, der unsere Wildbienennisthilfe als »Stamm«-Lokal missbraucht, zerlegt diese in ihre Einzelteile! In diesem Fall schützt ein Drahtgitter oder ein Vogelschutznetz den Wildbienennachwuchs wirkungsvoll vor diesem biologischen Presslufthammer.

Charakteristische Besiedler von Holzbohrgängen und Schilfrohrmatten sind Gewöhnliche Maskenbiene *(Hylaeus communis)*, Rote Mauerbiene *(Osmia bicornis)*, Gehörnte Mauerbiene *(Osmia cornuta)* oder Gewöhnliche Löcherbiene *(Osmia truncorum)*.

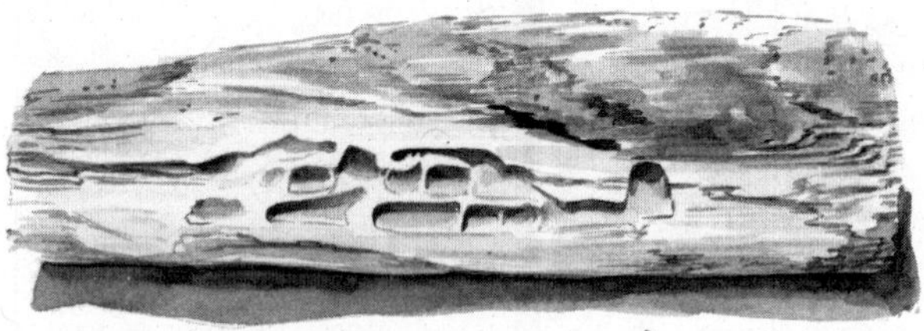

Angemorschtes Totholz: Einige Wildbienenarten nagen ihre Nistgänge selbst und bevorzugen dabei weißfaules Laubholz.

Morsches Totholz

Eine kleine Gruppe von Wildbienen nagt ihre Gänge in bereits angemorschtes Totholz. Bevorzugt werden dabei weißfaule Laubhölzer, zum Beispiel Obstbäume. Auch solche morschen Stammstücke können in unserem Insektenhaus oder an einem sonnigen Platz im Garten aufgeschichtet werden. Ein regengeschützter Platz unter einem Dachvorsprung verzögert den Abbau des Holzes.

Charakteristische Besiedler von morschem Totholz sind zum Beispiel Wald-Pelzbiene *(Anthophora furcata)*, Schwarzbürstige Blattschneiderbiene *(Megachile nigriventris)* oder Blauschwarze Holzbiene *(Xylocopa violacea)* sowie Grabwespen, zum Beispiel die Art *Pemphredon lugubris.*

Kinderstube: Im markhaltigen Pflanzenstängel hat eine Wildbiene ihren Nistgang angelegt.

Markhaltige Stängel

Einige Wildbienenarten nagen ihre Nistgänge in dürre Stängel, bei denen durch eine Bruchstelle das Mark freiliegt. Besiedelt werden unter anderem Zweige von Rosen und Brombeeren sowie die Stängel von Himbeeren, Königskerzen, Disteln, Beifuß und Kletten. Holunder wird eher mäßig gut angenommen. Da diese Pflanzenstängel natürlicherweise senkrecht stehen, sollte diese Ausrichtung auch in Nisthilfen beibehalten werden. Einzelne Stängel können mit Kabelschellen an der Seitenwand des Insektenhauses befestigt werden. Beim Bündeln verwendet man unterschiedlich lange Stängel, die unten bündig abschließen, oben aber in unterschiedlichen Höhen enden. Auch diese Bündel sollten senkrecht oder leicht schräg aufgehängt werden.

Charakteristische Besiedler von markhaltigen Stängeln sind Schwarze Keulhornbiene *(Ceratina cucurbitina)*, Blaue Keulhornbiene *(Ceratina cyanea)*, Gewöhnliche Maskenbiene *(Hylaeus communis)*, Gelbspornige Stängel-Mauerbiene *(Osmia claviventris)* oder Dreizahn-Mauerbiene *(Osmia tridentata)* sowie einige Grabwespenarten, zum Beispiel die Art *Pemphredon inornata,* und solitäre Faltenwespenarten, zum Beispiel die Art *Odynerus laevipes.*

Bau eines Insektenhauses

Alle Nisthilfen unterliegen einem frustrierenden Naturgesetz: Auf Dauer sind sie immer zu klein! Es mag eine Weile dauern, bis die Bienen die Nisthilfen entdecken und annehmen, danach sind sie aber in der Regel sehr standorttreu. Vor allem die Rote Mauerbiene und die Gehörnte Mauerbiene bilden rasch große Bestände. Diese im März erscheinenden Arten siedeln auch mitten im Siedlungsbereich und auf Balkonen, wenn in der Umgebung ein ausreichendes Angebot an Frühjahrsblühern existiert. Wer den Platz zur Verfügung hat, sollte in seinem Garten also gleich ein Insektenhaus bauen, das sich bei erfolgreicher Besiedelung problemlos »aufrüsten« lässt.

Um die Nisthilfen trockenzuhalten, hat sich der Bau eines vorne offenen, überdachten Kastens bewährt. Die offene Seite zeigt nach Südost (auf diese Weise können die Bienen bereits die Morgensonne nutzen) oder nach Südwest. An den geplanten Eckpunkten werden vier stabile Pfosten (die Länge der Posten richtet sich nach der Höhe des geplanten Hauses) in die Erde gerammt. Zur Hinterseite sollte das Dach schräg abfallen, die Pfosten der Vorderseite müssen daher etwa 10 Zentimeter länger sein als die der Hinterseite. Höhe und Breite des Insektenhauses richten sich nach dem zur Verfügung stehenden Platz. Die Tiefe des Hauses sollte 20 bis 30 Zentimeter betragen (für Wildbienen reicht eine Tiefe von etwa einer Bohrerlänge).

Bei den Brettern für Seitenwände und Rückwand lohnt sich eine Nachfrage beim nächsten Sägewerk. Leicht verzogene Bretter werden oft verschenkt, reichen aber für diesen Zweck völlig aus. Die passend zurechtgesägten Bretter für Seitenwände und Rückwand werden an die Pfosten genagelt oder geschraubt. Vordere und hintere Pfosten werden auf jeder Seite durch ein Brett verbunden, das jeweils vorne und hinten etwas übersteht. Die oberen Pfostenenden werden vorher schräg – entsprechend der geplanten Dachschräge – abgesägt, damit die beiden Bretter flächig aufliegen. Dann werden die eigentlichen Dachbretter quer auf diesen seitlichen Brettern angenagelt oder angeschraubt. Die Dachbretter können dachziegelartig überlappend angebracht werden oder Stoß an Stoß nebeneinander, dann muss allerdings noch eine Dachpappe darauf genagelt werden. Für die »Füllung« des Innenraums stehen die verschiedenen, genannten Nistmaterialien zur Auswahl (siehe ab Seite 134).

Alter Baumbestand im Garten

Vermorschte Areale, Aststümpfe, Bruchstellen, Risse und Höhlen an Bäumen sollten generell nicht versiegelt werden, weil die Besiedelung des Holzes in der Regel von solchen Schwachstellen ausgeht. Auch die Entfernung von abgestorbenen Ästen aus reiner Ordnungsliebe ist ökologisch gesehen nicht sinnvoll. Selbst ohne die klassische »Baumpflege« wird solch ein Baum viele Jahre oder sogar Jahrzehnte weiterleben und dabei wertvollen Lebensraum bieten. Gerade die Mulmhöhlen alter Bäume gehören mit Abstand zu den kostbarsten Totholzbiotopen. Auch besonntes Totholz im Kronenbereich bietet Zuflucht für viele seltene und gefährdete Arten. Ob sich neben den Allerweltsarten auch solche Raritäten in Ihrem Garten einstellen, ist natürlich ungewiss.

Auf das natürliche Absterben einzelner großer Äste zu warten, kann im ungünstigsten Fall die Lebenszeit des Gartenbesitzers überschreiten. Wer unbedingt Lebensraum für Totholzbewohner schaffen will, kann in diesem Fall aber etwas nachzuhelfen. Die einfachste Methode ist die sogenannte Ringelung oder das Ringeln, bei dem die Rinde des entsprechenden Astes in einem 20 Zentimeter breiten Streifen rundherum komplett abgeschält wird. Letztendlich ist dies nichts anderes als ein »Baumschnitt«, bei dem der Ast am Baum bleibt.

Falls ein Baum in Ihrem Garten bereits beim Absterben ist oder Sie ihn aus irgendwelchen Gründen fällen wollen, können Sie dieses Verfahren auch beim Stamm anwenden. Unterschätzen Sie aber bitte niemals die möglicherweise traumatisierende Wirkung der als Ergebnis dieser Maßnahme aufrecht stehenden »Baumleiche« auf Ihre Mitmenschen, in diesem Fall ist intensive Aufklärungsarbeit erforderlich! Falls sich dieser Baum in einem ständig begangenen Teil Ihres Gartens befindet, könnten Sie auch nur den Stamm mit mehr oder weniger langen Aststümpfen stehen lassen. Die Äste deponieren Sie auf dem Reisighaufen oder in einer ruhigen Ecke des Gartens. Falls Sie einen Baum fällen, sollte als Minimallösung zumindest der Stumpf mit einem möglichst langen Teil des Stammes im Boden bleiben.

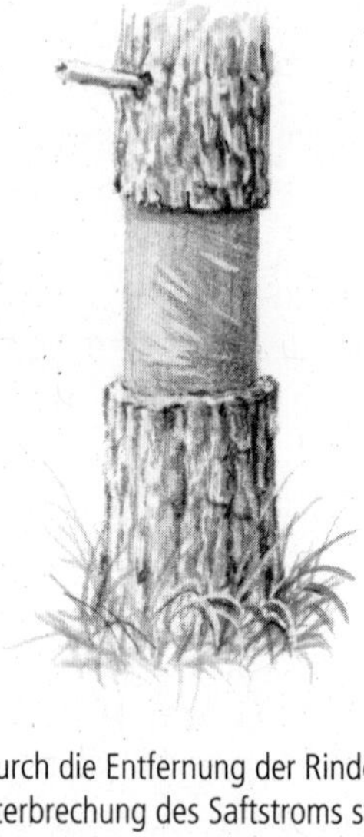

Ringelung: Durch die Entfernung der Rinde und die damit verbundene Unterbrechung des Saftstroms stirbt der Baum ab.

Kopfweiden im Garten

Die Vielfalt der ökologischen Nischen und ihre zahllosen Bewohner (allein etwa 550 Käferarten) machen die Kopfweide zu einem nahezu unersetzlichen Lebensraum. Im Gegensatz zur Eiche erfolgt die Bildung großräumiger Stammhöhlen nicht im Verlauf von Jahrhunderten, sondern in Jahrzehnten, also geradezu im Zeitraffer. Die Endergebnisse der Tätigkeit von Pilzen und Insekten sind die völlig ausgehöhlten, malerischen Weidenveteranen, die dennoch ein Alter von 120 Jahren erreichen können. Diese markanten Bestandteile unserer traditionellen Kulturlandschaft zu schützen und durch regelmäßige Pflege zu erhalten, sollte uns ein wichtiges Anliegen sein. Bizarr geformte, knorrige Stämme, die sich schemenhaft aus den Herbstnebeln schälen, führen uns in eine Welt der Sagen und Mythen. Weiden wir uns also an diesem uralten Zauber der Kopfweiden!

Lebensraum Kopfweide

Auch wenn die Kopfweiden ihre Entstehung ausschließlich der Einwirkung des Menschen verdanken, wurde in ihrem Fall ein äußerst wertvolles Ersatzbiotop geschaffen, in dem Totholz verschiedener Zersetzungsgrade die entscheidende Rolle spielt. Häufig sind alte Kopfweiden im weiten Umfeld der einzige Lebensraum für viele seltene Tierarten.

»Kopfbäume« sind keine Baumarten im botanischen Sinn, sondern durch eine bestimmte Schnitttechnik gebildete Baumformen. Dabei wird der Stamm des jungen Baums in einer Höhe von meist ein bis vier Meter abgesägt. Durch diesen radikalen Eingriff wird ein starker Neuaustrieb unterhalb der Schnittstelle angeregt. Die gebildeten Ruten werden im Abstand von einem Jahr bis mehreren Jahren ebenfalls geschnitten. Durch wiederholte Überwallung der Schnittstellen (Verschließen der Wunde durch den Baum) entsteht die typische Verdickung des Stamms – der »Kopf«.

Früher wurden nicht nur Weiden *(Salix)*, sondern auch Hainbuchen *(Carpinus)*, Linden *(Tilia)*, Eschen *(Fraxinus)* und Gewöhnliche Hasel *(Corylus avellana)* auf diese Weise behandelt. Die Kopfweide ist aber am weitesten verbreitet. Die gebildeten Ruten dienten je nach ihrer Stärke verschiedensten Zwecken: zum Flechten, als Binderuten (für Weinreben), als Trockengestelle für Heu, als Zäune, Pfähle, Gerätestiele, Brennholz, Futterlaub, zum Schnitzen (Holzschuhe, Teller, Schüsseln), als Fassreifen, zur Uferbefestigung und beim Bau von Dämmen, als Gerberlohe (aus der Rinde), zur Herstellung von Holzkohle (für Schießpulver, Zeichenkohle), zum Verfüllen von Fachwerkwänden und als Bauholz.

Mit Rückgang der Korbflechterei und der Binderuten im Weinbau, dem Ersatz von Brennholz durch andere Energieträger (Kohle, Öl, Strom, Gas) und der Verwendung von Zäunen, Pfählen und Stangen aus Fichtenholz schwand die Bedeutung der Kopfweiden zunehmend. Die Weiden blieben sich selbst überlassen und wurden nicht mehr regelmäßig geschnitten. Irgendwann brechen dann die hohlen Köpfe unter dem zunehmenden Gewicht der Äste auseinander. Heute bemühen sich vor allem Naturschutzorganisationen um die Pflege der alten Kopfweiden, außerdem ergänzen und erweitern sie die Bestände kontinuierlich durch Neuanpflanzungen.

Die am weitesten verbreiteten Kopfweidenarten sind die Silber-Weide *(Salix alba ssp. alba)*, die Dotter-Weide *(Salix alba ssp. vitellina)*, die Rötel-Weide *(Salix alba × Salix fragilis)* und die Korbweide *(Salix viminalis)*.

Durch den regelmäßigen Schnitt der Kopfweiden bieten sich für Pilzsporen immer wieder Wundflächen, auf denen sie keimen und von denen sie in das weiche, leicht abbaubare Holz eindringen können. Im Verlauf der Zeit entstehen durch den Holzabbau verschieden große Höhlen, die zuletzt zu einem einzigen großen Hohlraum verschmelzen. Der beim Holzabbau entstehende Holzmulm wurde früher als Dünger genutzt, ist aber auch ein wertvoller Lebensraum für viele Insektenlarven (siehe auch ab Seite 46). Wenn wir eine ältere Kopfweide mit ihren Aststümpfen, morschen Stellen, abgestorbenen Ästen, Baumhöhlen und ihrer Mulmbildung näher betrachten, stoßen wir auf eine überraschend hohe Anzahl an Tier- und Pflanzenarten, die eng mit der Weide vergesellschaftet sind. Lassen Sie uns daher einen kleinen Blick auf diese Vielfalt werfen.

Pflanzen

Typisch für Kopfweiden sind sogenannte Gelegenheits-Aufsitzerpflanzen (fakultative Epiphyten). Fakultative Epiphyten sind Pflanzen, die normalerweise auf dem Erdboden wachsen, aber auch in passenden anderen Nährmedien und anderen »Wachstumsebenen« gedeihen können. Im

nährstoffreichen Holzmulm der Kopfweide finden sie günstige Keimbedingungen. Häufig sind es Arten mit beerenartigen Früchten, deren Samen durch Vogelkot an die erhöhten Standorte getragen werden. Echte Epiphyten wachsen ausschließlich auf anderen Pflanzen, in unseren Breiten handelt es sich fast ausschließlich um Vertreter der Algen, Moose und Flechten.

Typische Vertreter fakultativer Epiphyten sind Rote Johannisbeere *(Ribes rubrum)*, Stachelbeere *(Ribes uva-crispa)*, Himbeere *(Rubus idaeus)*, Schwarzer Holunder *(Sambucus nigra)* oder Bittersüßer Nachtschatten *(Solanum dulcamara)*.

Die ebenfalls häufig auf Kopfweiden wachsenden Taubnesseln *(Lamium)* besitzen fettreiche Anhängsel (Elaiosomen) an ihren Teilfrüchten, die deshalb von Ameisen verschleppt werden und so auf der Weide keimen (siehe auch Seite 88).

Pilze

Das Kernholz der Weide ist nicht durch Gerbsäurederivate imprägniert (wie bei der Eiche), sodass ihr sehr weiches Holz nicht vor Pilzbefall geschützt ist und vergleichsweise schnell abgebaut wird.

Typische an Weiden vorkommende Pilze sind:
- Weidenscheibenpilz *(Cytidia salicina)*,
- Blasiges Eckenscheibchen *(Diatrype bullata)*,
- Kreiseldrüsling *(Exidia recisa)*,
- Muschelförmiger Feuerschwamm *(Phellinus conchatus)*,
- Grauer Feuerschwamm *(Phellinus igniarius)*,
- Weiden-Schüppling *(Pholiota conissans)*,
- Gewöhnlicher Austernseitling *(Pleurotus ostreatus)* oder
- Anistramete *(Trametes suaveolens)*.

Ameisen und Käfer

Viele Ameisenarten bauen ihre Nester im morschen Holz der Weide:
- Braune Wegameise *(Lasius brunneus)*,
- Glänzendschwarze Holzameise *(Lasius fuliginosus)*,
- Versteckte Knotenameise *(Myrmecina graminicola)*,
- Rotgelbe Knotenameise *(Myrmica rubra)* oder
- Waldknotenameise *(Myrmica ruginodis)*.

Mit etwa 550 verschiedenen Arten stellen die Käfer den Löwenanteil aller Weidenbesiedler. Durch die Nutzung unterschiedlicher Kleinlebensräume wird eine Konkurrenz zwischen den einzelnen Arten vermieden oder zumindest reduziert. Hier gibt es fast nichts, was es nicht gibt!

Der Breite Weidenblattkäfer *(Plagiodera versicolora)* und seine Larven ernähren sich von den Blättern der Purpur-Weide. Die Larven bilden aus dem bitteren Salicin, das in den Blättern der Purpur-Weide in der höchsten Konzentration von allen Weidenarten enthalten ist, einen scharf riechenden Abwehrstoff. Die Larven verschiedener »Blattminierer« fressen sich in typisch mäandernden Gängen durch ein Weidenblatt, lassen dabei aber die schützende Schicht der Epidermis an der Blattober- und -unterseite unverletzt. Rüsselkäfer aus der Gruppe der Kätzchen-Rüssler entwickeln sich im Inneren der Weidenkätzchen. Falls die Kätzchen nicht von selbst abfallen, lassen sich die Larven kurz vor der Verpuppung zu Boden fallen und graben sich im Erdboden ein. Die Rüsselkäferart *Curculio salicivorus* parasitiert Larven der Blattwespengattung *Pontonia.* Diese Blattwespe überträgt bei der Eiablage chemische Substanzen in das Weidenblatt, die das pflanzliche Zellgewebe zur Wucherung und damit zur Bildung arttypischer Gallen anregt, in denen sich dann ihre Larven entwickeln. Die Moderkäfer weiden mit Begeisterung den Pilzrasen ab, der sich an feuchten Ästen auf dem Boden entwickelt. Durch die tief ins Holz reichenden Fraßgänge der Larven des Weidenbohrers kommt es zu Saftflüssen als Abwehrreaktionen des Baumes. Schleim- und Saftflüsse sind wiederum Lebensräume für eine Reihe spezialisierter Arten, zum Beispiel für die Glanzkäferart *Soronia grisea.*

Vom lebenden Holz bis zum Holzmulm bietet jedes Abbaustadium des Holzes Lebensraum für zahllose spezialisierte Arten. Im Mulmkörper finden sich die Larven einer äußerst seltenen Rosenkäferart, des Eremits, und einer Schnellkäferart, des Feuerschmieds. Wassergefüllte Baumhöhlen beherbergen tauchtaugliche Spezialisten wie die Sumpfkäferart *Prionocyphon serricornis.* Dort finden sich auch die Larven vieler Schwebfliegenarten mit ihren typischen, teleskopartig verlängerten Atemrohren. Sie filtern organische Partikel und Bakterien aus dem Wasser. Auch nahezu wüstenähnliche Nischen bleiben nicht ungenutzt: Der Mattglänzende Mehlkäfer entwickelt sich in staubtrockenem Holzmehl. Das zum Leben benötigte Wasser entsteht beim Abbau von Fetten und Kohlenhydraten, die sein Körper gespeichert hat.

Auch die verschiedenen Pilzarten und ihre Fruchtkörper werden von vielen Käfern und ihren Larven verwertet. Sogar eine gut eingespielte »Müllabfuhr« ist vorhanden. Sie hat sich auf die organischen Reste von Höhlenbesiedlern spezialisiert: Nistmaterial, Federn, tote Nestlinge, Kot, Beutereste, Haare, Hornissennester mit ihren Bodenschichten aus abgestorbenen Larven, Puppen, Imagines (»erwachsenen« Hornissen) und Häutungsresten enthalten jeweils große Mengen an Stickstoff, Phosphor

Salicin

Die Weidenrinde und die Blätter der Weide enthalten das fiebersenkende, entzündungshemmende und schmerzlindernde Salicin, ein bitter schmeckendes Phenolderivat. In der Leber wird es zum eigentlichen Wirkstoff, der Salicylsäure, umgewandelt. Ein Abkömmling der Salicylsäure, die 1897 erstmals synthetisierte Acetylsalicylsäure, erlangte unter ihrem Markennamen »Aspirin« Weltruhm. Bereits der griechische Arzt Hippokrates (460 bis 377 vor Christus) berichtet über die heilenden Kräfte der Weide, im Verlauf der Jahrhunderte hatte Weidenrinde *(Cortex salicis)* immer einen festen Platz in der Volksmedizin.

Die Purpur-Weide *(Salix purpurea)* besitzt die höchste Salicinkonzentration und ist daher bei Pflanzenfressern alles andere als beliebt. Aus diesem Grund wird sie von Förstern häufig als Verbissschutz vor fraßgefährdete Baumarten gepflanzt.

und Mineralstoffen, die wesentlich leichter abgebaut werden können als das Holz. Ausnahmslos jede ökologische Nische in einer Kopfweide wird von mindestens einer Käferart besiedelt, der Grad der Anpassung ist immer wieder erstaunlich.

Vögel und Säugetiere

Höhlenbrüter siedeln sich gerne in ausgefaulten Kopfweiden an. Dazu gehören Steinkauz *(Athene noctua)*, Hohltaube *(Columba oenas)*, Wiedehopf *(Upupa epops)*, Gartenrotschwanz *(Phoenicurus phoenicurus)*, Blaumeise *(Cyanistes caeruleus)*, Kohlmeise *(Parus major)*, Weidenmeise *(Poecile montana)*, Feldsperling *(Passer montanus)*, Grauschnäpper *(Muscicapa striata)* und Trauerfliegenschnäpper *(Muscicapa atricapilla)*.

Die Stammhöhlen können von Fledermäusen, Bilchen, Steinmarder *(Martes foina)* und verschiedenen Mäusearten besiedelt werden.

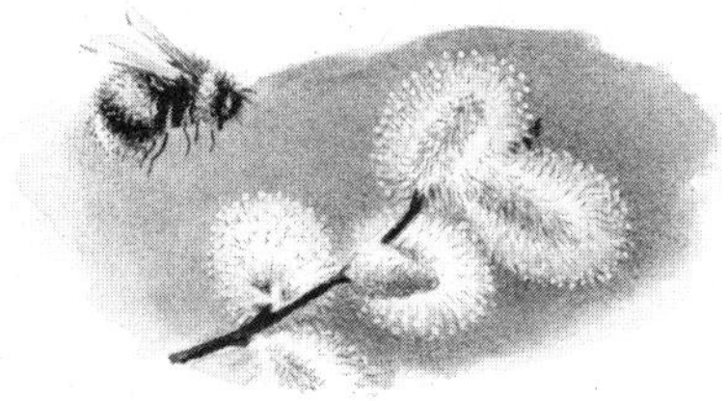

Pflanzung und Pflege von Kopfweiden

Durch den regelmäßigen Schnitt bilden Kopfweiden keine ausladenden Baumkronen und kommen mit vergleichsweise wenig Platz aus. Ihr ökologischer Wert steigt mit zunehmendem Alter, die Bildung der wertvollen Hohlräume durch Ausfaulen lässt natürlich schon einige Jährchen auf sich warten.

Weiden werden nicht durch den Wind (wie die meisten anderen Bäume), sondern von Insekten bestäubt. Als sogenannte »zweihäusige« Pflanzen befinden sich männliche und weibliche Blüten bei Weiden immer auf getrennten Bäumen, es gibt also »Männchen« und »Weibchen«. Gerade im Frühjahr sind Pollen und Nektar der Weidenkätzchen oft die erste, lebenswichtige Nahrungsquelle für Hummeln und solitäre Wildbienen. Im Idealfall sollte also ein Weiden-»Pärchen« als Lieferant von Nektar und Pollen für Wildbiene und Co. vorhanden sein.

Folgende Weidenarten können durch entsprechend Pflege zu Kopfweiden im Garten werden: Silber-Weide *(Salix alba ssp. alba)*, Dotter-Weide *(Salix alba ssp. vitellina)*, Rötel-Weide *(Sàlix alba × Salix fragilis)*, Bruch-Weide *(Salix fragilis)*, Purpur-Weide *(Salix purpurea)* oder Korb-Weide *(Salix viminalis)*. Nicht geeignet ist die Sal-Weide *(Salix caprea)*.

Pflanzung von Kopfweiden

- **Dicke der Weidenstecklinge:** Im Allgemeinen sind dickere Stecklinge robuster und wurzeln auch schneller als dünnere. Die Mindestdicke der Stämme sollte 5 Zentimeter betragen, besser ist aber armdick und stärker. Naturgartenfirmen mit einem Weidensortiment verschicken Stämme bis zu 30 Zentimeter Durchmesser. Bei dünnen Stämmen (bis 10 Zentimeter Durchmesser) wird die Schnittfläche komplett mit neu gebildetem, undifferenziertem Wundgewebe (Kallus) überwallt, nach und nach entsteht ein gleichmäßiger Kopf. Bei dicken Stämmen dringen durch die große, nicht komplett überwallte Wundfläche von Anfang an Pilzhyphen ein, dadurch werden der Holzabbau und damit die Hohlraumbildung beschleunigt. Wer die Möglichkeit hat, sollte am besten beide Varianten ausprobieren. Der jährliche Stammdickenzuwachs beträgt etwa 2 Zentimeter, dreißigjährige Weiden können also bereits Durchmesser von 60 Zentimetern haben. Die Angaben für das maximal erreichbare Alter schwanken zwischen 80 und 120 Jahren.

- **Standort:** Weiden sind Sonnenanbeter, sie vertragen keinen Schatten und gedeihen am besten in der prallen Sonne. Um eine gegenseitige Beschattung zu vermeiden, sollte der Abstand zwischen zwei Weiden 4 bis 5 Meter betragen. Feuchte Standorte sind besonders gut geeignet, Weiden wachsen aber auch auf normalen Gartenböden.
- **Pflanzzeit:** Die beste Pflanzzeit ist Herbst bis Frühjahr, idealerweise kurz vor dem ersten Laubaustrieb.
- **Pflanztiefe:** Je tiefer das Pflanzloch, desto geringer ist die Gefahr der Austrocknung. Empfehlenswert ist eine Pflanztiefe von 60 bis 100 Zentimetern.
- **Pflanzung:** Ein mehrtägiges Einlegen der Stecklinge (und eventuell auch der Stämme) in Wasser vor der Pflanzung beschleunigt die Wurzelbildung. Die Stämme werden dann 60 bis 100 Zentimeter tief eingegraben (mit Hilfe von Erdbohrer und Lochspaten, siehe Seite 124), der Aushub wird rings um den Stamm wieder eingefüllt und vorsichtig festgestampft. Ein vorheriges Entfernen der Rinde am unteren, eingegrabenen Teil bringt für die Bewurzelung keine Vorteile und kann sie sogar verhindern. Im ersten Jahr sollte vorsichtshalber gerade in trockenen Perioden regelmäßig gegossen werden. Die wuchsfreudigen Weiden wachsen sogar dann an, wenn man sie um 180 Grad gedreht, also genau entgegen der natürlichen Wuchsrichtung, eingräbt. Netterweise sollte aber die normale Orientierung beibehalten werden.
- **Schnitt der Ruten:** Die Ruten werden am besten während der Vegetationsruhe (Oktober bis Anfang März), im Winter an frostfreien Tagen geschnitten. Laut Naturschutzgesetz dürfen vom 15. März bis zum 15. September in der freien Natur keine Bäume zurückgeschnitten

werden! In diesem Zeitraum könnten zum Beispiel in der Weide nistende Höhlenbrüter gestört werden. Die geschnittenen Ruten sollten für eine Neupflanzung in feuchtem Sand, im Wasser oder zumindest im Schatten gelagert werden. Am besten werden die Ruten aber unmittelbar nach dem Schnitt eingepflanzt.

- **Höhe der Stämme:** Es vereinfacht die Sache deutlich, wenn der jährliche Schnitt ohne Leiter erfolgen kann. Die eigene Kopfhöhe ist daher kein schlechtes Maß für die Höhe des Stammes. Selbstverständlich kann dieser Wert auch unter- und überschritten werden! Die Baumhöhe schwankt durch den jährlichen Rutenaustrieb stark, der Stamm wird nur unwesentlich länger.

Pflege von Kopfweiden

Im April bis Mai erscheinen in der Regel die ersten Triebe an der Kopfweide. Im Mai oder Juni des ersten Jahres werden mit einem scharfen Messer alle Seitentriebe bis etwa 20 Zentimeter unter dem zukünftigen Kopf möglichst dicht am Stamm entfernt. Dabei darf kein Aststummel stehen bleiben, weil die Weide an dieser Stelle sofort wieder neu austreibt. Im August wird diese Maßnahme wiederholt.

Im zweiten Jahr werden erneut die Seitentriebe am Stamm entfernt und die neu gebildeten Ruten am Kopf knapp über dem Kopf abgeschnitten (die Ruten am Stamm sollen im Gegensatz zu den Ruten am Kopf nicht austreiben), am besten Anfang März, auf alle Fälle noch vor dem Laubaustrieb. Dadurch kommen natürlich die Weidenkätzchen nicht zur Blüte und der ökologische Nutzen für Insekten entfällt komplett. Um dieses Problem zu umgehen, kann man nur die Hälfte der Ruten entfernen oder man pflanzt zwei Weiden, die abwechselnd geschnitten werden.

Ab dem dritten Jahr können die Weiden in einem ein- bis zehnjährigen Schnittrhythmus gepflegt werden. Durch die enorme Wuchsleistung der Weide steigert sich der entsprechende Aufwand beim Schnitt allerdings mit jedem Jahr kontinuierlich. Ab einem Astdurchmesser von 20 Zentimetern nimmt das Unfallrisiko beim Pflegeschnitt durch das enorme Gewicht der Äste deutlich zu, außerdem kann der Abtransport des Holzes zum ernsten logistischen Problem werden. Dieses Problem stellt sich aber in erster Linie bei Pflegemaßnahmen durch den Naturschutz in der freien Natur und weniger im eigenen Garten.

Reisighaufen – Totholzhaufen

Eigentlich ist der Reisighaufen nur der kleine Bruder des Totholzhaufens, dennoch werden traditionsgemäß selbst monströse Holzgebirge mit diesem etwas verniedlichenden Namen betitelt. Der Reisighaufen ist schon seit längerem Bestandteil unserer Gärten und genießt eine breite Akzeptanz auch bei den etwas konservativen Gartenbesitzern. Ja, er gilt fast schon als seriös!

Die Größe eines Reisighaufens hängt in erster Linie von der Gartenfläche ab, vom Reisighäufchen bis zur hölzernen Cheopspyramide ist alles machbar.

Alles, was an grobem, organischem Material im Garten anfällt, wird dort zur letzten Ruhe gebettet: Wurzeln, Äste, Hecken- und Baumschnitt, Laub, Adventsgestecke ohne Drähte und Metall, hölzerne Bohnenstangen, kollabierte Kletterpflanzengerüste, Christbaumleichen, morsche Bretter, rachitische Zaunpfähle und benutzte Zahnstocher. Sowohl ein sonniger als auch ein schattiger Platz kommen als Standorte in Frage. Als Besitzer eines Schlossparks wählen Sie natürlich beide Varianten.

Der Reisighaufen: ein Muss für jeden naturnahen Garten.

Bau eines Totholzhaufens

Um Amphibien und Reptilien (Molchen, Erdkröten, Blindschleichen, Ringelnattern) den stressfreien Zugang in frostfreie Tiefen zu ermöglichen, wird in der künftigen Haufenmitte ein etwa 50 Zentimeter tiefes Loch in einer Größe von einem Quadratmeter ausgeschachtet. Es wird mit sehr groben, ineinander verkeilten Wurzelstücken, Ästen und Stämmen so gefüllt, dass möglich viele Hohlräume entstehen, in denen sich die Tiere bewegen können. Dünne Äste verrotten zu schnell und sacken dann zusammen.

In der untersten Haufenschicht reichert sich im Verlauf der Zeit bereits stark zersetzter Holzmulm an. Er speichert Wasser und sorgt so für ein gleichmäßiges, feuchtes Mikroklima, ideale Bedingungen für viele Insektenlarven. Um die Entwicklung dieses wertvollen Materials zu beschleunigen, kann die unterste Schicht aus zügig verrottenden Weichholzarten wie Pappel oder Weide bestehen (relativ frisch geschlagene Weidenstämme sind in diesem Fall allerdings mit Vorsicht zu genießen, sogar liegende Stammstücke können Wurzeln schlagen und neu austreiben). Auch eine 10 Zentimeter dicke Schicht aus Hackschnitzeln, vermischt mit Erde, leitet den Verrottungsprozess rasch ein (siehe auch ab Seite 152).

Das gesamte Material wird nun kreuz und quer zu einem hohen, lockeren Haufen mit möglichst vielen Hohlräumen aufgeschichtet. Durch die Verrottung sackt der Haufen nach und nach in sich zusammen, oben kann kontinuierlich frisches Material aufgelagert werden.

Für Vögel besonders interessant sind Reisighaufen mit integriertem Leibwächter gegen Katzen. Biologischer Stacheldraht in Form von Brombeeren oder der einheimischen kletternden Feld-Rose *(Rosa arvensis)* leisten in dieser Hinsicht unersetzliche Dienste. Bei der äußerst unternehmungslustigen Brombeere besteht die Gefahr einer starken Vermehrung durch Ausläufer. Pflanzen Sie daher unbedingt eine nicht wuchernde Art, zum Beispiel die Falten-Brombeere *(Rubus plicatus)*. In ihrem Schutz bauen Rotkehlchen, Heckenbraunelle und Zaunkönig gerne ihre Nester. Spechte und Kleiber erweisen sich als effiziente, aber dennoch wohltuend leise Bio-Schredder, wenn sie morsche Äste auf der Suche nach Insekten mit geschickten Schnabelhieben zerlegen.

Igel benutzen den Reisighaufen gerne als Tagesversteck, mit etwas Glück stellen sich auch andere Vertreter der Säugetiere ein: Mäuse, Spitzmäuse und als Krönung vielleicht sogar das zierliche Mauswiesel. Auch Ringelnatter, Blindschleiche und Erdkröte finden dort Unterschlupf. Uneingeschränkte Herrscher des Reisighaufens sind aber die null- bis vielbeinigen, wirbellosen Vertreter der Zoologie: Regenwürmer, Asseln, Doppelfüßer, Hundertfüßer, Spinnen und Insekten. Springschwänze, Florfliegen, Ohrwürmer, Ameisen, Wildbienen, Schlupfwespen, Wanzen, Käfer und ihre Larven und viele andere mehr finden dort paradiesische Zustände, oft auch für die Überwinterung. Der manchmal praktizierte Brauch, den Reisighaufen als Osterfeuer zu verbrennen, führt zum qualvollen Tod unzähliger Lebewesen und ist deshalb völlig indiskutabel.

Hackschnitzel

Hackschnitzelflächen als geeignete Biotope für Totholzbewohner anzupreisen, erscheint zunächst – gelinde ausgedrückt – etwas wunderlich. Als die Verwalter eines öffentlichen Parks 1999 mitten in London einen 135 Meter langen Weg aus Buchen-, Eschen- und Eichenschnitzeln anlegten, hatten sie auch nichts dergleichen im Sinn. Der Weg war einen Meter breit und 20 Zentimeter tief, zwei- bis dreimal jährlich wurden frische Hackschnitzel aufgeschüttet. Im Jahr 2005, also 6 Jahre später, erlaubten die Finanzen das Anlegen dauerhafter Wege und die Hackschnitzel sollten entfernt werden. Dabei wurden zur Überraschung aller Beteiligten rund 750 Hirschkäferlarven in verschiedenen Entwicklungsstadien sowie einige ausgewachsene Hirschkäfer gefunden. Wohlgemerkt, mitten in London und in einem Weg, der täglich von den Parkbesuchern begangen wurde! Binnen 6 Jahren war dort völlig unbeabsichtigt eine Vorzeigekinderstube für Hirschkäferlarven entstanden.

Noch extremer waren die Rahmenbedingungen einer Schule in Verluwe in den Niederlanden. Dort wurde 1980 ein täglich bespieltes, 300 Quadratmeter großes Gelände 30 Zentimeter tief mit Hackschnitzeln aufgeschüttet. Alle fünf Jahre wurden frische Hackschnitzel nachgefüllt.

Was sind Hackschnitzel?
Hackschnitzel werden in stationären oder mobilen Holzhackmaschinen (»Hackern«) produziert. Die größten Maschinen bewältigen dabei Stammdurchmesser bis 80 Zentimeter. Verarbeitet wird »minderwertiges« Holz (aus Sicht der Industrie!), zum Beispiel Holz aus Durchforstungsmaßnahmen (Waldhackschnitzel) oder Reste aus Sägewerken. Hackschnitzel werden als Rohstoff für Pressspanplatten und Holzfaserdämmplatten, als Brennstoff in Heizkraftwerken und Hackschnitzelheizungen und zur Bodenbedeckung im Garten und Landschaftsbau verwendet. Der Preis richtet sich nach Holzart, Wassergehalt und Größenklassen. Der durchschnittliche Preis für Waldhackschnitzel mit einem Wassergehalt von unter 20 Prozent beträgt derzeit etwa 123 Euro pro Tonne (Stand: Ende 2019). Auf der Internetseite des Centralen Agrar-Rohstoff-Marketing- und Entwicklungs-Netzwerks e. V. (C.A.R.M.E.N) werden Bezugsquellen nach Postleitzahlen sortiert aufgelistet (siehe Seite 175). Auch die jeweils zuständigen Forstämter sind als Ansprechpartner zu empfehlen.

Im Jahr 2004 wurden dort 9 Hirschkäferlarven und rund 200 Nashornkäferlarven entdeckt, alle bei bester Gesundheit.

Bei beiden Projekten waren die nachträglich hinzugezogenen Entomologen (Insektenforscher) von dem unbeabsichtigten Erfolg der Anlage für die Käferwelt überrascht. Derartige Projekte können natürlich nur dann funktionieren, wenn sich noch natürliche Populationen der entsprechenden Käferarten im Umfeld befinden. Von nichts kommt nichts!

Die Gründe für den Erfolg der Hackschnitzel sind noch umstritten, zumindest zwei Faktoren scheinen aber einigermaßen gesichert zu sein:

1. Verglichen mit einem Baumstamm hat die gleiche Menge Holz in Form von Hackschnitzeln eine sehr viel größere Oberfläche. Pilzhyphen und Bakterien bietet sich so eine riesige Angriffsfläche, der Verrottungsprozess wird durch den intensivierten Abbau deutlich beschleunigt.

2. Hackschnitzel können wie Mulch verwendet werden, der Feuchtigkeit speichert und ein Austrocknen verhindert. Dadurch entsteht ein Mikroklima, in dem sich die Insektenlarven gut entwickeln können.

Bury Buckets 4 Beetles

Das englische Projekt *»Bury Buckets 4 Beetles«* (sinngemäß übersetzt: »Grabe einen Eimer für Käfer ein«) wurde im Jahre 2005 ins Leben gerufen, um landesweit Daten über die Entwicklung des Hirschkäfers zu bekommen.

Jeder Gartenbesitzer, der teilnehmen will, bohrt in einen handelsüblichen Plastikeimer etwa 20 Löcher mit jeweils etwa 4 Zentimeter Durchmesser. Am leichtesten geht das mit einem Steckdosenbohrer (Lochsäge). Der Eimer wird im Garten bündig eingegraben und mit einem 1:1-Gemisch aus Hackschnitzeln und Erde gefüllt. Etwa alle 2 Monate werden – falls nötig – Hackschnitzel nachgefüllt. Ansonsten ist der Inhalt des Eimers tabu, Nachgraben ist verpönt! Nach 18 Monaten wird der Eimer ausgegraben und sein Inhalt auf ein Tuch geleert. Die gefundenen Insektenlarven werden gezählt und bestimmt, die Ergebnisse in einem standardisierten Fragebogen festgehalten. Für die Bestimmung der Insektenlarven wurde eine eigene E-Mail-Hotline eingerichtet, an die auch Fotos der Larven geschickt werden können. Abschließend werden Hackschnitzel und Larven wieder in den Eimer gefüllt, das Ritual der Bestandsaufnahme wird dann jährlich wiederholt. Die Daten werden zentral gesammelt und ausgewertet. Die Resonanz in der englischen Bevölkerung ist erfreulich hoch (siehe auch Seite 175).

Wer Lust hat, kann dieses Projekt auch hierzulande im eigenen Garten durchführen. Ich persönlich hätte allerdings Hemmungen, einmal jährlich derart unsanft in ein ökologisches System einzugreifen. Es spricht aber absolut nichts dagegen, den Eimer einfach wegzulassen! Dadurch können Umfang und Tiefe des Loches und somit die Gesamtmenge der Hackschnitzel völlig frei variiert werden. Je größer, desto besser! Möglicherweise lässt sich so ansatzweise das Biotop »Wurzelstock« simulieren. Wenn zusätzlich noch ein möglichst langer, frei stehender Holzstamm in das Loch eingegraben wird, stehen weitere biologische Nischen für Insekten, Moose und Flechten zu Verfügung.

Der Hackschnitzelweg: Trotz seiner Nutzung bietet er Entwicklungsmöglichkeiten für viele Insektenlarven.

Hackschnitzelwege

Hackschnitzelwege sind naturnahe Alternativen, um Wege im Garten anzulegen.

Der in beliebiger Breite und bis zu einer Tiefe von 30 Zentimetern ausgeschachtete Graben wird mit Hackschnitzeln aufgefüllt. Berechnen Sie am besten schon vor dem Graben die benötigte Menge und den ungefähren Preis! In verrottendem Laubholz (vor allem Buche und Eiche) entwickeln sich generell mehr Insektenarten als in Nadelholz. Verschiedene Wegabschnitte können auch mit unterschiedlichen Holzarten gefüllt werden. Im Hinblick auf die entstehende Vielfalt ist das sogar zu begrüßen. Sonnige und schattige Wegabschnitte erhöhen die mikroklimatische Vielfalt noch weiter. Sobald sich das Material setzt, werden frische Hackschnitzel aufgeschüttet, der Pflegeaufwand ist gering. Allerdings muss alle zwei bis drei Jahre neues Material bestellt werden, denn durch den unmittelbaren Kontakt mit der Erde erfolgt die Verrottung relativ rasch. Ziel des Projekts ist in erster Linie der ökologische Nutzen und nicht die Langlebigkeit. Aus Sicht eines professionellen Gartengestalters ist dies vielleicht ein gewöhnungsbedürftiger Standpunkt. Der Profi würde nach dem Ausschachten (Auskoffern) zunächst eine mindestens 15 Zentimeter dicke Tragschicht aus verdichtetem Schotter mit einem Quergefälle von 2 bis 3 Prozent einbauen, seitliche Einfassungen aus geschälten Eichen- oder Robinienstämmen bauen und dann erst die Hackschnitzel einfüllen. Die Haltbarkeit würde dadurch sicher verlängert, die Insektenfreundlichkeit dagegen nicht. Wie die Beispiele in England und den Niederlanden gezeigt haben, wirkt sich die Nutzung der Wege nicht negativ auf die Insektenfauna aus, von dieser Lösung profitieren Mensch und Tier also gleichermaßen.

Hackschnitzelflächen

In extrem schattigen Bereichen des Gartens, die sowieso mehr oder weniger vegetationsfrei sind (zum Beispiel unter Bäumen), können ebenfalls einige Zentimeter dicke Schichten Hackschnitzel zur »Pilzfütterung« und nachfolgenden Besiedelung durch Insekten aufgeschüttet werden.

Auch die Gestaltung eines Sitzplatzes ist möglich, die Vorgehensweise ist die Gleiche wie bei einem Weg (siehe Seite 155). Hackschnitzel fühlen sich unter den nackten Füßen immer relativ warm und damit angenehm an. Als stilgerechte Sitzgelegenheiten bieten sich dann entweder liegende oder senkrecht eingegrabene, möglichst dicke Baumstämme an. Wer verharzter Kleidung nur wenig Positives abgewinnen kann, sollte dabei auf Nadelholz verzichten. Dicke Stammstücke als Stuhlersatz können auch einfach auf den Boden gestellt werden, ihr enormes Gewicht verhindert ein Umkippen und macht sie stabil. Werden die Stämme nach einigen Jahren morsch, kann man sie leicht gegen neue austauschen. Die Veteranen dürfen dann in einer ruhigen Ecke im Garten ungestört weiter vor sich hin rotten.

Generell scheint der Einsatz von Hackschnitzeln im Garten den Lebensraum Totholz um einen weiteren Aspekt zu bereichern. »Fehler« im herkömmlichen Sinn gibt es daher nicht, lediglich unterschiedlich erfolgreiche Strategien. Auch Vegetarier sollten sich daher ohne Scheu auf diese (Hack-)Schnitzel stürzen!

Holzmieten

Der Begriff »Holzmiete« steht für frei stehende, kunstvoll gestapelte, zylindrische Türme aus Holzscheiten. Eine ästhetischere Variante, um Brennstoff zu lagern, gibt es wohl nicht. Solch einen Turm seinem natürlichen Verfallsprozess zu überlassen, statt mit seinen Bestandteilen die Eingeweide eines Kachelofens zu füttern, ist eine ungewöhnliche, aber interessante Variante von Totholz in unseren Gärten. Außerdem könnte man durch den geometrischen Charakter solch eines Bauwerkes eventuell auch solche Gartenbesitzer »ködern«, die Reisighaufen und »unordentlichen« Baumstämmen mit einem gewissen Misstrauen gegenüberstehen.

In einer solchen Holzmiete herrschen je nach Gegebenheit bestimmte Temperaturen und Feuchtigkeiten, wodurch sich sehr unterschiedliche Lebensbedingungen ergeben. Die untersten Lagen in Bodennähe sind kühl und feucht, der obere Teil der Miete ist dagegen warm und trocken. Ein solcher Haufen bietet großzügige Versteckmöglichkeiten für Kleinlebewesen wie Spinnen, Asseln, Tausendfüßer sowie für zahlreiche Insekten wie Käfer, Wespen, Wildbienen oder Ohrwürmer. Sind die Spalten am Boden groß genug, werden sich auch Igel und Erdkröte dort verstecken, in sonniger Lage und bei einem natürlichen Vorkommen im Umfeld eventuell auch Eidechsen. Da das Holz im Verlauf der Jahre zunehmend mit Insekten besiedelt wird, herrscht nach der Fertigstellung selbstverständlich ein striktes Holzofenembargo.

Bau einer Holzmiete

Der Aufbau einer solchen Miete ist zwar zeitaufwendig, aber nicht allzu kompliziert. Es empfiehlt sich, hierbei nicht gleich den gesamten Brennstoffvorrat für die nächsten zwei Jahre zu verbraten, sondern in deutlich kleineren Dimensionen zu arbeiten.

Um einen senkrecht im künftigen Zentrum der Miete positionierten Stock wird zunächst die Schlinge einer Schnur gelegt. Die Schnur wird auf den gewünschten Radius, den halben Durchmesser der Holzmiete, gekürzt. Durch eine einmalige Umkreisung des Pflocks mit gespannter Schnur kann man nun durch gleichzeitiges Aufstreuen von Sand oder Sägespänen die exakte Umrisslinie der Holzmiete auf der Erde markieren.

Entlang diese Kreislinie legt man dann relativ niedrige Scheite jeweils mit der hohen Längsseite nach außen (Kreisscheite). Die untersten Scheite werden direkt auf den Erdboden gelegt, Plastikplanen oder Abstandhalter würden den natürlichen Verrottungsprozess unterbinden oder zumindest stark verlangsamen. Auf diese »quer« beziehungsweise tangential zur Kreislinie liegenden Scheite wird nun die erste Reihe von Holzscheiten (Stapelscheite) radial so gelegt, dass sie nach außen bündig mit den Kreisscheiten abschließen und innen Richtung Kreismittelpunkt zeigen. Durch die Auflage auf den Kreisscheiten neigen sich die Stapelscheite leicht nach innen, also Richtung Stapelmitte, das sorgt später für eine bessere Stabilität der Miete. Auf diese Weise stapeln Sie nun schichtweise jeweils einen äußeren und einen inneren Ring aus Holzscheiten. In den beiden ersten Außenkreisen kann bewusst eine Lücke als Igelportal gelassen werden. Dahinter kann aus Ziegelsteinen ein u-förmiges Igelwohnzimmer mit einem Dach aus querliegenden Scheiten aufgestapelt werden. Die frei bleibende Mitte wird mit lockerem Spaltholz gefüllt (einfach reinwerfen). Bei einer sehr kleinen Miete kann man die Scheite in der Mitte auch senkrecht nebeneinanderstellen.

Sobald die gewünschte Endhöhe erreicht ist, wird in der Mitte ein lockerer Kegel aus Scheitholz aufgetürmt. Mehrere Lagen von Scheiten, die dachziegelartig über diesen Kegel gelegt werden, bilden abschließend das »Dach« der Holzmiete.

Eine solche Holzmiete kann auch um einen abgestorbenen Baumstamm herum errichtet werden. Durch die Sonne bekommt das Holz bald eine anheimelnde, graufilzig verwitterte Oberfläche und sieht aus, als wäre es schon immer an dieser Stelle gewesen. Schon bald werden sich in unserer Holzmiete die ersten Insekten zur Miete einfinden.

Holzstapel

Holzstapel sind eine einfache Methode, um größere Mengen Totholz im Garten zu arrangieren. Im Nationalpark Bayerischer Wald stößt man manchmal auf unförmige, von Moospolstern komplett überwucherte, rechteckige Gebilde, die nur noch sehr entfernt an die Ausgangsobjekte erinnern. So etwas dauert natürlich seine Zeit!

Bau eines Holzstapels

Zum »Bau« eines Holzstapels können alle verfügbaren einheimischen Baumarten verwendet werden. Die Dicke der Stämme richtet sich nach dem vorhandenen Material. Eine unter dem Stapel liegende, 10 Zentimeter dicke Schicht aus einer Mischung von Holzschnitzeln und Erde dient als Feuchtigkeitsspeicher. Dadurch steigt die Feuchtigkeit im Holzstoß rascher nach oben und Pilze finden optimale Wachstumsbedingungen. Um den Beginn der Verrottung zu beschleunigen, kann die unterste Stammreihe teilweise oder ganz im Boden versenkt werden. Die Stämme werden bis zur gewünschten Höhe aufgeschichtet, in den Boden geschlagene Holzstangen fixieren dabei die äußersten Stämme.

Die Stämme müssen dabei keineswegs die gleiche Länge haben! Durch den »Igeleffekt« beim Einsatz unterschiedlich langer Stämme erhöht sich die Anzahl von Versteckmöglichkeiten für Tiere. In Laubhölzern und Nadelhölzern entwickeln sich jeweils andere Artenspektren. Nadelholz ist meist weicher und zersetzt sich im Allgemeinen rascher als Laubholz; Birkenholzstapel zerfallen geradezu im Zeitraffer. Im Schatten schreitet die Verrottung zügiger voran, dort werden sich nach und nach auch Moose einfinden. Der Holzstapel wird nicht abgedeckt, sondern den Einflüssen der Witterung ausgesetzt. Die Form des Stapels bleibt der Fantasie des Gestalters überlassen. Sowohl die streng kubische Variante wie auch sanft geschwungene Sinuskurven haben ihre Daseinsberechtigung, Pilzhyphen verhalten sich in Sachen Ästhetik eher neutral. Auch die Grundlinie des Holzstapels ist beliebig wählbar. Eine optisch reizvolle, treppenähnliche Struktur entsteht, wenn jede neu aufgeschichtete Stammreihe etwas kürzer als die darunterliegende ist. Als mögliche Variante kann der Bereich hinter dem Stapel oder alternativ an beiden Seiten mit Erde aufgeschüttet und bepflanzt werden.

Palisaden

Palisaden aus ungeschälten Stämmen lassen sich als Sichtschutz oder zur räumlichen Gliederung des Gartens einsetzen. Da sie keiner statischen Belastung ausgesetzt sind, erfüllen sie ihre Rolle auch noch im völlig morschen Zustand. Je nach Durchmesser der Stämme werden diese eingeschlagen (mit Hilfe von Vorschlaghammer oder Pfahlramme, siehe Seite 124) oder eingegraben. Eine Einschlämmung von Sand in den Zwischenraum zwischen Stamm und Erdloch verlängert die Lebensdauer. Geschwungene oder gebogene Grundlinien wirken harmonischer als eine schnurgerade Palisade, auch die Höhe sollte variiert werden. Möglich ist es auch, den Abstand der einzelnen Stämme zu den beiden Enden der Palisade hin kontinuierlich zu vergrößern. Erlaubt ist alles, was gefällt! Die Stämme können unmittelbar nebeneinander oder in zwei Reihen auf Lücke gesetzt werden.

Bei einem tiefer gelegenen Sitzplatz können die Wände durch Trockenmauern aus Natursteinen oder durch Palisaden begrenzt werden. In diesem Fall empfehlen sich allerdings robuste, langlebige Hölzer wie Kastanie, Robinie oder Eiche.

Totholzpyramiden

Eine kreisförmige Ansammlung senkrecht eingegrabener Totholzstämme mit unterschiedlichen Längen wird in England als *»pyramids«* bezeichnet. Die Idee für solche Totholzpyramiden und der Name stammen ursprünglich von dem deutschen Förster Ernst Tochtermann, der sich seit den frühen 1990er-Jahren intensiv mit der Fortpflanzungsbiologie des Hirschkäfers auseinandersetzte. Auch in England sind die Totholzpyramiden in erster Linie als Kinderstuben für Hirschkäferlarven gedacht. In der Regel wird deshalb auch nur Eichenholz verwendet, in dem sich Hirschkäferlarven bevorzugt entwickeln. Das erste Projekt dieser Art wurde 1998 im Highwoods Country Park in Colchester verwirklicht. Inzwischen sind Totholzpyramiden ein vertrauter Anblick in der englischen Landschaft. Selbstverständlich werden sie auch von vielen anderen Insektenarten besiedelt, die sich auf verrottendes Holz spezialisiert haben.

Bau einer Totholzpyramide

Die wichtigste Zutat für eine Totholzpyramide sind möglichst viele freiwillige Helfer, die sich mit Begeisterung auf diese Aufgabe stürzen. Verwendet werden können alle einheimischen Laubholzarten, Buche

Eine Totholzpyramide: Sie kann zum wertvollen Lebensraum für Hirschkäfer werden.

und Eiche werden von besonders vielen Arten besiedelt. Auch Experimente mit einheimischen Nadelhölzern (Fichte, Kiefer, Lärche, Tanne) können interessant sein. Dünne Äste verrotten zu schnell, daher werden möglichst dicke Stämme eingesetzt.

Das »Pflanzloch« für die Pyramide wird bis zu einer Tiefe von 60 Zentimetern ausgeschachtet (für das Eingraben einzelner Stämme ist ein Lochspaten am besten geeignet, siehe Seite 124). Länge, Breite oder Umfang des Loches richten sich nach Anzahl und Dicke der Stämme. Auf den Boden des Lochs kommt jeweils eine 10 Zentimeter dicke Schicht aus Hackschnitzeln, die für gleichmäßige Feuchtigkeit sorgt. Die Stämme können oberirdisch problemlos bis zu 1,5 Meter aus dem Boden ragen, ohne dass das Bauwerk instabil wird. Als grobe Faustregel sollte mindestens ein Drittel der Stammlänge eingegraben werden.

Für eine relativ einfache Handhabung können alle Stämme oder einzelne Stammgruppen mit einem Sisalseil gebündelt werden, dabei sollte das Seil nach Fertigstellung der Totholzpyramide natürlich unter der Ebene des Erdbodens liegen. Bei dieser Methode liegen die Stämme fast ohne Zwischenräume eng aneinander.

Bei einer anderen Methode werden die Stämme einzeln mit Abstand voneinander in der Grube positioniert und jeweils durch Helfer festgehalten. Die Zwischenräume zwischen den Stämmen werden nun nach und nach mit Erde gefüllt. Jede Schicht wird mit einer dicken Holzstange oder einem sonstigen geeigneten Werkzeug festgestampft, damit die einzelnen Stämme im Erdboden stabil fixiert sind. In England gibt es dafür einen speziellen Spaten mit einem Stampfer am Ende (eine Sonderform des *»rabbiting spade«).* Zum Abschluss werden an den Basen der Stämme rundherum weitere Hackschnitzel aufgeschüttet.

Natürlich müssen die Stämme nicht unbedingt in einem Kreis angeordnet sein. Uns kümmert es ja auch nicht, ob die Wildkräuterhäppchen am Bio-Buffet kreisförmig oder quadratisch präsentiert werden, Hauptsache, sie schmecken! Denkbar sind beispielsweise die Modelle Kaulquappe, Sonne, Yin Yang, Fragezeichen, Fischgerippe (massiver Kopf, Rückgrat und Gräten aus einzelnen Stammreihen), Spinne ... Lassen Sie Ihrer Fantasie freien Lauf und sorgen Sie für kreative Käferfreuden. Selbst eine öde Rasenfläche kann durch das Eingraben eines einzigen, dicken Stammes ökologisch und optisch aufgewertet werden.

Käferbeete

Käferbeete sind Bestandteile vieler englischer *wildlife-gardens,* die in etwa unseren Naturgärten entsprechen, und in meinen Augen sehr ästhetische Varianten, um Totholz im Garten einzusetzen. Für ein Käferbeet werden Stämme verschiedener Holzarten und in verschiedenen Stärken und Längen verwendet. Die Stämme werden dabei kunterbunt auf dem Erdboden verteilt oder eingegraben, hier ist Chaos Trumpf. Ein Teil der Stämme liegt waagrecht auf dem Boden, andere werden in dieser Position halb im Erdboden versenkt. Senkrecht und schräg eingegrabene Stämme erhöhen die Vielfalt zusätzlich.

Im Halbschatten können die Bereiche zwischen den Hölzern mit typischen einheimischen Waldpflanzen bepflanzt werden. Gerade der Farbkontrast zwischen den verschiedenen Pflanzen und dem Totholz ist in diesem Fall besonders reizvoll.

Das Käferbeet: Dieser wertvolle Lebensraum ist typisch für viele Naturgärten in England.

Geeignete Pflanzenarten für Käferbeete sind beispielsweise:

- Gelber Eisenhut *(Aconitum vulparia)*,
- Wald-Geißbart *(Aruncus dioicus)*,
- Große Sterndolde *(Astrantia major)*,
- Wald-Frauenfarn *(Athyrium filix-femina)*,
- Nesselblättrige Glockenblume *(Campanula trachelium)*,
- Wald-Segge *(Carex sylvatica)*,
- Aufrechte Waldrebe *(Clematis recta)*,
- Hohler Lerchensporn *(Corydalis cava)*,
- Echter Wurmfarn *(Dryopteris filix-mas)*,
- Waldmeister *(Galium odoratum)*,
- Eichenfarn *(Gymnocarpium dryopteris)*,
- Nickendes Perlgras *(Melica nutans)*,
- Klebriger Salbei *(Salvia glutinosa)* oder
- Wald-Ziest *(Stachys sylvatica)*.

Beeteinfassungen

Auch Beete können durch Totholz räumlich von ihrem Umfeld abgegrenzt werden, eine naturnahe Alternative zu Betonplatten oder Plastikelementen. Als Beeteinfassungen können waagrecht liegende Stämme mit Rinde dienen, die leicht eingegraben werden. Sind die Stämme dick genug, entstehen ganz nebenbei sogar die Sonnenwärme speichernde Sitzplätze.

Eine andere Möglichkeit der Beeteinfassung besteht darin, dünnere Stammstücke am Beetrand senkrecht einzugraben oder in angespitztem Zustand mit dem Vorschlaghammer einzuschlagen. Auch in diesem Fall sollte die Rinde nicht entfernt werden. Kesseldruckimprägnierte Holzstücke aus dem Baumarkt sind aufgrund des verwendeten Holzschutzmittels absolut tabu, da wenden sich Käfer und Co. mit Grausen!

Salami-Pyramiden

Eine Salami-Pyramide bietet durch ihre zahlreichen Hohlräume Versteckmöglichkeiten für viele Tierarten. Die Konstruktion ist simpel, der Bau erfolgt in Rekordzeit. Dazu werden Holzstämme in 10 bis 15 Zentimeter dicke Scheiben zersägt. Die Scheiben werden so auf dem Boden ausgelegt, dass sie sich nicht berühren, sondern jeweils Freiraum zwischen ihnen bleibt. Die nächste Lage wird versetzt gestapelt, die folgende ebenso. Am besten beginnt man mit möglichst großen Scheiben, die dann zumindest in jeder zweiten Lage kleiner werden. Je nach Anzahl der Scheiben entsteht eine unterschiedlich hohe Pyramide mit beliebigem Grundriss. Abschließend kann eine der Seiten mit Erde, Sand oder Kies aufgeschüttet und bepflanzt werden.

Die Salami-Pyramide: Hohlräume bieten in solch einem Bauwerk zahlreiche Versteckmöglichkeiten für Tiere.

Gefüllter Totholzzaun nach Art des Hauses

Ein Totholzzaun erfüllt eine ähnliche Funktion wie die Palisaden, er gliedert den Garten optisch oder versteckt ganz dezent bestimmte Bereiche (zum Beispiel Komposthaufen oder Mülltonnen). Im Prinzip handelt es sich bei ihm um nichts anderes als die langgezogene Bandwurmvariante des Reisighaufens (siehe Seite 150).

Bau eines Totholzzaunes

Der Bau eines gefüllten Totholzzaunes ist vergleichsweise einfach. Im Abstand von etwa einem Meter werden angespitzte Holzpfähle mit dem Vorschlaghammer 30 bis 40 Zentimeter tief in den Boden geschlagen.

Wer sich bei der Handhabung dieses Werkzeuges durch eine unterdurchschnittliche Trefferquote auszeichnet, kann ein kleines, viereckiges Brett an der Oberseite des Pfostens annageln. Diese Maßnahme verhindert ein Zersplittern des Pfahles bei wiederholten »Streifschüssen«. Das Zersplittern ist allerdings ein rein optisches Problem, für die Haltbarkeit des Pfahles spielt es keine große Rolle. Nach erfolgreicher Versenkung des Pfahls wird das Brett wieder entfernt. Noch einfacher ist die Verwendung einer hülsenförmigen Pfahlramme aus Metall (siehe Seite 124).

Der oberirdische Teil des Pfahls gibt die maximale Höhe des Zauns vor. Im Abstand von 20 Zentimetern von der ersten Pfahlreihe wird dann eine zweite Reihe angelegt, die Pfähle stehen dabei jeweils auf Lücke (bezogen auf beide Längsreihen also im Abstand von 50 Zentimetern). Je nach Lust und Laune und der Menge des anfallenden organischen Materials im Garten kann diese Breite natürlich beliebig variiert werden. Mit zunehmender Breite steigt der ökologische Wert, der Arbeitsaufwand allerdings auch. Die Stämme sollten nicht entrindet werden, die Holzart ist dabei ziemlich egal. Es kann sogar reizvoll sein, dicke Birken- oder Pappelstämme zu verwenden. Sie verwittern rasch und bekommen dann das malerische Aussehen der Ents aus Fangorn im »Herr der Ringe«.

Sobald einer der Pfähle zu morsch wird, schlägt man unmittelbar daneben einen zweiten ein. Damit ist die Stabilität des Zauns weiter gesichert, der morsche Pfahl bleibt attraktiv für alle Totholzbesiedler.

Der Raum zwischen den Pfahlreihen wird anschließend mit Ästen, Zweigen, Schilf und Ähnlichem gefüllt. Je länger die verwendeten Äste sind, desto stabiler ist die Füllung. Jede Lage wird durch Niederdrücken leicht verdichtet, bis dann irgendwann die Endhöhe erreicht ist. Derartige Zäune verschlingen überraschend viel Material, es kann während der Bauphase also durchaus zu Versorgungsengpässen kommen. Im Falle eines länger anhaltenden Ästemangels kann es hilfreich sein, sich an örtliche Naturschutzorganisationen zu wenden. Bei vielen Pflegemaßnahmen wie dem Schneiden von Kopfweiden oder dem Entbuschen von Wiesen und Ruderalflächen fallen große Mengen an geeignetem Material an. Im Herbst und Frühjahr gibt es in vielen Gemeinden Termine zur Grünschnittabfuhr, bei denen auch Äste und Zweige abgeholt werden. Wer diese Zweige dann abholt – die Mitarbeiter der Gemeinde oder Sie –, ist dem abgebenden Gartenbesitzer in der Regel egal. Auch der Kontakt zum zuständigen Förster oder Bauhof hilft oft weiter.

Mit zunehmender Verrottung sackt das Material im Verlauf der Zeit langsam zusammen und eine neue Lage kann oben aufgebracht werden. Bedingt durch die biegsame Füllung muss der Zaun keineswegs schnurgerade verlaufen, eine sanft geschwungene Kurve wirkt in aller Regel natürlicher und optisch ansprechender. Der Zaun kann also auch »um die Ecke gebracht« werden. Auch die Höhe kann variabel gestaltet werden, zum Beispiel mit einem Maximum in der Mitte und einem kontinuierlichen Abfall nach beiden Seiten.

Magerstandort mit Wildstauden vor dem Totholzzaun

In sonnigen Bereichen kann vor dem Zaun ein Kies- oder Sandbeet mit hohen einheimischen Wildstauden angelegt werden. In der Regel sind Gartenbesitzer und Insekten gleichermaßen vom Ergebnis begeistert. Die Blütenpracht auf solchen trockenen und nährstoffarmen Extremstandorten ist immer wieder eine Augenweide.

Entgegen der weit verbreiteten Meinung ist ein Großteil der einheimischen Wildstauden auf eher magere Standorte spezialisiert. Im oftmals fetten Gartenboden haben sie fast keine Chance und werden rasch von nährstoffliebenden Allerweltsarten wie Klee, Ampfer, Brennnessel, Löwenzahn und Gras überrollt.

Zur Anlage eines Magerstandortes wird der Boden 40 bis 50 Zentimeter tief ausgeschachtet. Eine Auskleidung der Grube mit Brettern oder Folie

Der Totholzzaun: Solch ein Zaun dient als Sichtschutz und zur optischen Gliederung des Gartens, gleichzeitig bietet er alle ökologischen Vorteile eines Totholzhaufens.

verhindert eine subversive Pflanzeninvasion aus dem nährstoffreichen Umfeld. Als Füllmaterialien dienen Sand oder Kies, die Oberfläche kann hügelig modelliert werden.

Ansaaten sind billiger als das Pflanzen von Stauden, die ausdauernden Arten blühen aber häufig erst im zweiten Jahr. Die Pflanzung von Stauden bietet dagegen rasche Erfolgserlebnisse. Beide Methoden können auch kombiniert werden. Bei der Ansaat wird vorher eine etwa ein Zentimeter dicke Schicht (nicht mehr!) aus sterilem (und damit unkrautsamenfreiem!) Grünkompost oberflächlich in das Substrat eingearbeitet. Dabei geht es weniger um die Nährstoffe, der Kompost speichert vielmehr Wasser und sorgt dadurch für die optimale Keimung der Samen. Stauden erhalten bei der Pflanzung ein kleines Schäufelchen Kompost als Startbeigabe ins Pflanzloch. Danach muss nie wieder gedüngt werden (für Informationen zu Bezugsquellen siehe Seite 175).

Hochwüchsige und bei Insekten heiß begehrte einheimische zweijährige Pflanzen und mehrjährige Stauden sind unter anderem:

- Nickende Distel *(Carduus nutans)*,
- Wollkopf-Kratzdistel *(Cirsium eriophorum)*,
- Wilde Karde *(Dipsacus sylvestris)*,
- Gewöhnlicher Natternkopf *(Echium vulgare)*,
- Gewöhnliche Eselsdistel *(Onopordum acanthium)*,
- Großblütige Königskerze *(Verbascum densiflorum)*,
- Schwarze Königskerze *(Verbascum nigrum)* oder
- Kleinblütige Königskerze *(Verbascum thapsus)*.

Pilzanbau auf Totholz

Abgestorbenes Holz ist in Mitteleuropa einer Hypheninvasion von mehr als 600 Großpilzarten ausgesetzt, von denen viele essbar sind. Diese Tatsache hat zwangsläufig auch das Interesse von Pilzliebhabern erregt. Durch Fusion von Interesse, Appetit und Geschäftstüchtigkeit entstand ein völlig neuer Geschäftszweig – die Pilzzucht. Durch Pilzzucht auf Baumstämmen wird Totholz heute indirekt auch für den Menschen schmackhaft. Sogar Totholzliebe geht durch den Magen! Inzwischen gibt es eine ganze Reihe von Firmen, bei denen man das unter sterilen Bedingungen kultivierte Myzel verschiedener Pilzarten bestellen kann (siehe Seite 175). Ausführliche Gebrauchsanleitungen für die Beimpfung und weitere Behandlung der Holzstämme werden von jeder Firma mitgeliefert, die Thematik soll daher im Folgenden nur kurz angerissen werden.

Kurze Anleitung zur Pilzzucht auf Totholz

Zur Pilzzucht auf Baumstämmen im Garten sind zum Beispiel Austernseitling *(Pleurotus ostreatus)*, Rosenseitling *(Pleurotus salmoneostramineus)* oder Gewöhnliches Stockschwämmchen *(Kuehneromyces mutabilis)* geeignet.

Passende Holzarten sind Eiche, Buche, Birke, Pappel und alle einheimischen Obstbaumarten. Der Stamm sollte einen Durchmesser von 20 bis 35 Zentimetern haben und 50 bis 80 Zentimeter lang sein. Um konkurrierende Pilzarten von vorneherein auszuschließen, wird möglichst frisch geschlagenes Holz verwendet. Schließlich wollen wir nicht mit irgendwelchen dahergelaufenen Fremdhyphen teilen! Der Stamm wird 3 Tage in völlig untergetauchtem Zustand gewässert, danach auf einer Plane 2 Tage in der Sonne getrocknet. Das Myzel wird von den Firmen entweder als Körnerbrut (vom Pilzmyzel durchwachsene Getreidekörner) oder als Dübelbrut (vom Pilzmyzel durchwachsene Holzdübel) geliefert.

Animpfen mit Dübelbrut: Unmittelbar vor dem Beimpfen wird an beiden Schnittseiten des Stammes jeweils eine 2 Zentimeter dicke Scheibe abgesägt und verworfen, denn an diesen Stellen könnten bereits die Hyphen unerwünschter Pilze eingedrungen sein. Dann bohrt man mit einem Bohrer (9 Millimeter Durchmesser) gleichmäßig verteilt so viele Löcher in den Stamm wie Dübel geliefert wurden. Das Holz soll sich dabei nicht erhitzen, möglichst meditatives Bohren ist daher angesagt! Stark erhitztes Holz verändert seine Struktur, die Hyphen können dadurch nicht mehr problemlos einwachsen. Auch die Schnittseiten des Stammes müssen beimpft werden. Um eine Verunreinigung mit anderen Mikroorganismen zu vermeiden, werden die Pilzdübel am besten nur mit Plastikhandschuhen (zum Beispiel aus dem medizinischen Fachhandel) gehandhabt. Die Dübel werden bis zum Anschlag in die Bohrlöcher geschoben, gegebenenfalls auch sanft mit einem Hammer eingeschlagen.

Animpfen mit Körnerbrut: Mit einer Kettensäge wird der Stamm quer zur Faserrichtung etwa zwei Drittel des Durchmessers tief eingesägt, wechselweise von beiden Seiten. Drei bis vier Einschnitte genügen. Falls Sie zwei linke Hände haben, sollten Sie diese Aufgabe unbedingt einem kompetenten Bekannten überlassen. Aus einer Dose ohne Boden und Deckel wird ein breiter »Trichter« zum leichteren Einfüllen der Körnerbrut gebogen. Die Körnerbrut wird dann mit einem Spachtel möglichst lückenlos in die Schlitze gestopft, danach werden die Einschnitte mit Klebeband oder Wachs verschlossen, um ein Austrocknen und eine Infektion mit fremden Pilzen zu verhindern.

In beiden Fällen wird der angeimpfte Stamm anschließend bei einer Temperatur zwischen 10 °C und 25 °C in liegender Position 8 bis 10 Wochen an einem schattigen Ort im Garten gelagert. Am besten wird er in feuchte Jutesäcke gewickelt, die kontinuierlich feucht gehalten werden. Im Verlauf dieser Zeit durchwächst der Pilz den ganzen Stamm. Sobald an den Anschnitten und Impfstellen weißes Myzel sichtbar wird, ist der Vorgang abgeschlossen. In freier Wildbahn wird Totholz natürlich immer von verschiedenen Pilzen gleichzeitig besiedelt, das würde aber in unserem Fall den erwünschten Pilzertrag schmälern.

Wenn das Myzel sichtbar ist, werden die Stämme an einem schattigen Ort aufrecht stehend zur Hälfte eingegraben. Dadurch wird auf lange Sicht ein Austrocknen verhindert. Die ersten Fruchtkörper erscheinen nach 5 bis 18 Monaten. Ungeduldig veranlagte Menschen sollten daher besser auf gekaufte Champignons zurückgreifen. Nach 4 bis 6 Jahren Ernte ist das Substrat komplett erschöpft und es werden keine weiteren Fruchtkörper mehr gebildet. Der Stamm wird ganz normal weiterabgebaut und bleibt an Ort und Stelle stehen.

Neben dem beschriebenen Beimpfen von dicken Stämmen und Ästen können auch Baumstubben, die zum Beispiel nach dem Fällen eines Baumes im Boden verbleiben, mit Pilzbrut geimpft werden. Der Baumstubben wird in der Folge durch den Pilz zersetzt. Gut eignet sich hierfür zum Beispiel das Gewöhnliche Stockschwämmchen, das gut einwächst und hohe Erträge bringt. Zum Schutz vor Sonne kann man gegebenenfalls noch ein kleines Dach über dem Stubben errichten.

Verwendung von Pilzstämmen

In schattigen Bereichen im Garten kann der mit Pilzmyzel beimpfte und vom Myzel durchwachsene Stamm statt normaler, unbehandelter Totholzstämme verwendet werden, zum Beispiel als Bestandteil einer Totholzpyramide oder im Käferbeet (siehe Seiten 160 und 162). Natürlich kann ein solcher Stamm auch solo positioniert werden.

Wer die aufwendige Prozedur nicht scheut, kann in den Folgejahren jeweils eine weitere Pilzart kultivieren, die beimpften Stämme in unmittelbarer Nähe zueinander eingraben und so einen kleinen Totholz-Pilzgarten anlegen. Ein einzelner Stamm lässt sich sogar auf einem Balkon unterbringen. Um in diesem Fall das Gefäß mit der Erde vor dem Umkippen zu bewahren, sollte der Stamm dabei vorsichtshalber an der Wand fixiert werden.

Totholz als Kunst

Wer einen bizarren Wurzelstrunk oder einen malerisch verdrehten, von Flechten und Moosen überwucherten Stamm betrachtet, kann sich diesem faszinierenden Anblick nur schwer entziehen. Totholz berührt uns emotional und es ist wunderschön. Versuchen wir doch einmal den eigenen Blickwinkel zu erweitern und Totholz als eine Kunstform zu betrachten.

Gehen wir davon aus, der gerade vor Ihnen liegende Stamm wäre ein sündhaft teures Meisterwerk Ihres Lieblingskünstlers. Nachdem der Kauf Sie fast in den Ruin getrieben hat, wollen Sie dieses Prachtstück natürlich angemessen in Szene setzen. Wie würden Sie eine Statue in Ihrem Garten präsentieren? Behandeln Sie Totholz mit derselben Einstellung. Setzen Sie es in Szene! Rücken Sie es als eine völlig neue Kunstform bewusst in das Blickfeld und überraschen Sie damit Ihre Gartenbesucher.

Verwenden Sie Totholz als zentrales, gestaltendes Element in verschiedenen Bereichen Ihres Gartens. Setzen Sie einen Wurzelstock in die Mitte eines Natursteinpflasters aus konzentrischen Kreisen. Erstellen Sie eine Collage aus Stammscheiben! Behandeln Sie jedes Totholzobjekt mit Wertschätzung und Freude und schaffen Sie dann den entsprechenden Rahmen dafür. Wenn Sie diese Übung eine Weile konsequent durchführen, könnte sich Ihr emotionaler Bezug zu Totholz verändern. Im Idealfall werden Ihre Nachbarn und Besucher neugierig und möchten mehr über Ihre Beweggründe wissen. In diesem Fall lassen Sie sich natürlich nicht zweimal bitten, sondern beginnen sofort eine schleichende Infiltration Ihres Gegenübers, der sich Ihrer Begeisterung über die zahlreichen Vorzüge von Totholz auf Dauer sicher nicht verschließen kann.

Landschaftskunst mit Totholz

Kunstobjekte, die ausschließlich aus Naturmaterialien gestaltet werden, haben sich seit den 1960er-Jahren entwickelt (eng. *land art:* Landschaftskunst). Die Größendimensionen solcher Projekte reichen von einer Collage aus Beeren oder Blättern bis hin zu großflächig modellierten Erdstrukturen, die sich nur mit Hilfe von Maschineneinsatz verwirklichen lassen. Totholz könnte gezielt als Element solcher Projekte in Parks oder der freien Landschaft mit einbezogen werden. Ähnlich wie in den Werken des Land-Art-Künstlers Andy Goldsworthy ist die Vergänglichkeit ein fester Bestandteil dieser Kunstwerke, da sie im Verlauf von Jahrzehnten komplett zerfallen.

Totholz hat eine ganz eigene, herbe Ästhetik, eine Schönheit, die sich vielleicht nicht jedem Menschen auf den ersten Blick erschließt. Derartige Projekte könnten zu einer verstärkten Auseinandersetzung der Bevölkerung mit diesem Thema führen. Unter diesem Blickwinkel wären begleitende Schautafeln über den ökologischen Wert von Totholz sinnvoll. Ein Wissen um Zusammenhänge kann Bewunderung und Staunen auslösen, aus einer solchen Haltung heraus wandelt sich eventuell auch die Wahrnehmung von Schönheit. Schönheit ist keine Konstante, sie entzieht sich eigensinnig dem Versuch, sie in Formeln und Gesetze zu pressen und damit »messbar« zu machen. Schönheit liegt im Auge des Betrachters, oft müssen wir uns einer Sache erst näher widmen, um sie plötzlich zu erkennen. Eine künstlerische Gestaltung mit Totholz verschmilzt die Bereiche Ästhetik und Ökologie zu einer Kunstform, sowohl der Betrachter als auch die Natur profitieren davon. Eine zum Projekt und räumlichen Umfeld passende Bepflanzung mit einheimischen Arten kann diesen Wert noch erhöhen.

Der Fantasie sind absolut keine Grenzen gesetzt, es gibt weder Normen noch Vorbilder: Spiralen, Irrgärten, ein Schachbrett, in dem sich begrünte Felder und Totholzfelder abwechseln. Holzstöße, die sich in ständig wechselnder Breite und Höhe wie Schlangen durch die Landschaft winden. Ein riesiges Yin-Yang-Zeichen aus senkrecht eingegrabenen Stämmen, bei dem die s-förmig geschwungene Mittellinie wie ein Canyon begehbar ist. Im Spiel mit dem Raum kann sich Kreativität frei entfalten. Eine naturnahe Kunstform, die alle tierischen Fans »zum Fressen gern« haben, ohne dass ihnen diese urtümliche Art der Begeisterung negativ angekreidet wird. Auch sämtliche Pilze würden begeistert in die Hyphen klatschen!

Vergänglichkeit ist in der heutigen Zeit sehr negativ besetzt. *Land Art* mit Totholz könnte eine gewisse Gegenbewegung einleiten. Totholzobjekte versinnbildlichen in anschaulicher Weise die Kreisprozesse in der Natur. Jedes Ende ist zugleich immer auch ein Anfang, jeder Tod auch eine Geburt. Sie führen uns eindringlich vor Augen, welchen Wert und welche Schönheit Vergänglichkeit besitzen kann, und dass Vergänglichkeit ein normaler und wichtiger Bestandteil unseres Lebens ist.

THE END.

Der Autor

Werner David, Jahrgang 1959, begeisterte sich von klein auf für alles, was da kreucht und fleucht. Als logische Konsequenz folgte ein Studium der Biologie und Chemie für Lehramt in München. Der intensive Kontakt zur Naturgartenbewegung inspirierte Werner David auch zur Gestaltung eines Liliput-Naturgartenbalkons im ersten Stock. Ein Hauptanliegen des Autors ist es, den Blick des Lesers für die Wunder der Natur zu öffnen. Werner David möchte seine Leser anregen, zu beobachten, zu staunen und die Freude an der Natur zu entdecken.

Seine Eindrücke und Erfahrungen teilt Werner David mit humorvollem Augenzwinkern nicht zuletzt in seinen Büchern: Neben diesem Buch sind von ihm im pala-verlag die beiden Titel »Von Fallenstellern und Liebesschwindlern« und »Fertig zum Einzug: Nisthilfen für Wildbienen« erschienen.

Anhang

Empfehlenswerte Internetseiten

Im Rahmen dieses Buches kann der Suchscheinwerfer des Autors nur vereinzelte Stellen in der Dunkelheit des riesigen Kontinents »Totholz« beleuchten, gerecht werden kann er diesem schier unerschöpflichen Thema damit leider nicht. Allen Lesern, die sich intensiver mit diesem fesselnden Thema auseinandersetzen wollen, kann ich die Arbeiten des Diplombiologen Dr. Georg Möller wärmstens ans Herz legen. Seine Doktorarbeit erschien im März 2009 und ist dankenswerterweise im Internet als PDF-Datei erhältlich.

Die »AG Biotopholz« stellt auf ihrer Internetseite *www.biotopholz.de* eine Reihe von sehr aussagekräftigen und lesenswerten Texten zum Thema Totholz vor. Auch in der Schweiz ragen zwei Informationsquellen wohltuend aus dem häufig doch etwas oberflächlichen Informationsangebot des Internets heraus und bieten wahre Schatzkisten in Sachen Totholz: *www.totholz.ch* und *www.waldwissen.net*. Wenn die Lektüre meines Buches beim Leser den Wunsch erwecken würde, aus diesen Quellen zu schöpfen, hätte ich mein Ziel voll und ganz erreicht.

https://refubium.fu-berlin.de/handle/fub188/6669
(Dissertation »Struktur- und Substratbindung holzbewohnender Insekten, Schwerpunkt Coleoptera – Käfer« von Herrn Dr. Georg Möller als PDF-Datei)
www.biotopholz.de
www.totholz.ch und www.wsl.ch
www.waldwissen.net
www.nationalpark-bayerischer-wald.de
www.wildbienen.info
(Internetseite des Wildbienenexperten und Biologen Dr. Paul Westrich)
www.ptes.org
(People's Trust for Endangered Species Informationen zum englischen Projekt »Bury Buckets 4 Beetles«)
www.naturgarten.org
(Informationen rund um den Naturgarten, mit Bezugsquellen für einheimische Wildstauden, Sträucher und Samen)
www.shii-take.de
(Pilzbrutversand Krämer)
www.carmen-ev.de
(Centrales Agrar-Rohstoff-Marketing- und Entwicklungs-Netzwerk e. V. Bezugsquellen für Hackschnitzel)

Totholz erleben

Im Folgenden eine Auswahl interessanter Standorte, die Refugien für Urwaldreliktarten xylobionter Käfer sind (siehe auch Seite 19). Für die Erstellung dieser Liste bedanke ich mich ganz herzlich bei Herrn Dr. Remigius Geiser und Herrn Heinz Bußler.

Österreich

- Lainzer Tiergarten in Wien (Naturschutzreservat »Johannser Kogel«)
- Wiener Prater in Wien (Schwarzpappel-Urwald am Lusthauswasser)
- Laxenburger Schlosspark südlich von Wien / Niederösterreich
- Lobau (Donau-Auen) südlich von Wien / Niederösterreich
- Hochleitenwald bei Wolkersdorf nordöstlich von Wien / Niederösterreich (vor allem das Naturwaldreservat »Urwald«)
- Fürstlicher Esterhazy'scher Tiergarten bei Schützen am Gebirge / Nordburgenland (vor allem die Parzelle »Splittereichen«)
- Südhänge des Geschriebensteins bei Rechnitz / Südburgenland
- Feistritzklamm / Herberstein bei Stubenberg / Oststeiermark

Deutschland

Baden-Württemberg

- Rot- und Schwarzwildpark in Stuttgart
- Favorit-Park in Stuttgart-Ludwigsburg
- Stutenanger am Stutensee nordöstlich von Karlsruhe
- Mooswald westlich von Freiburg im Breisgau
- Unterhölzerwald bei Geisingen (Donaueschingen)

Bayern

- Hochspessart mit Heisterblock (Naturwaldreservat »Eichhall«, Naturschutzgebiete »Metzger« und »Rohrberg«)
- Nördlicher Steigerwald (Naturwaldreservate »Brunnstube«, »Waldhaus«, »Kleinengelein«)
- Vorderer Steigerwald (Naturschutzgebiete »Gräfholz« und »Dachsberge«)
- Nationalpark Bayerischer Wald (Mittelsteighütte, Watzlikhain, Rachelseewand)
- Donau-Auen und Leitenwälder in Ostbayern (Jochensteiner Hänge, Scheuchenberg, Rainer Wald)
- Luisen- und Theresienhain in Bamberg
- Kopfeichen bei Forchheim (Hetzleser Berg)
- Nürnberger Reichswald in Nürnberg (Irrhain)
- Hutewälder bei Ansbach (Naturschutzgebiet »Scheerweiher«, Huteeichen bei Neudorf)
- Scheerweiher nordwestlich von Ansbach
- Donau-Auen westlich von Ingolstadt (Naturwaldreservate »Mooser Schütt«, »Gerolfinger Eichenwald«)
- Hutewald bei Greding (Naturschutzgebiet »Haunstetter Wacht«)
- Feilenforst bei Geisenfeld (Naturschutzgebiet »Nöttinger Viehweide«)
- Alteichenbestand bei Kehlheim (Naturschutzgebiet »Ludwigshain«)
- Loh- und Hutewälder nördlich von München (Naturwaldreservat »Fasanerie«)
- Forstenrieder Park südlich von München (Naturschutzgebiet »Eichelgarten«)
- Bernrieder Schlosspark am Starnberger See südwestlich von München (Eichenhain)
- Hutewald am Ammersee (Naturschutzgebiet »Seeholz«)
- Karwendelgebirge – Obere Isar (Vorderriss, Sylvenstein)

- Wettersteingebirge (Naturwaldreservat »Wettersteinwald«)
- Mangfallgebirge
  (Bestände nördlich von Glashütte, Naturwaldreservat »Totengraben«)
- Bergmischwäder bei Spiegelau (Naturwaldreservat »Rehberg)
- Nationalpark Berchtesgaden (Archenkopf)

Hessen

- Hutewald-Restflächen im Reinhardswald nördlich von Kassel
  (zum Beispiel Sababurg-Urwald)
- Groß-Gerauer Forst nordwestlich von Darmstadt

Niedersachsen

- Staatsforst Göhrde im Kreis Lüchow-Dannenberg
- Alte Eichen bei Pevestorf an der Elbe im Kreis Lüchow-Dannenberg
- Urwald »Hasbruch« westlich von Bremen-Delmenhorst
- Neuenburger Urwald südlich von Wilhelmshaven

Nordrhein-Westfalen

- Diersfordter Forst nordwestlich von Wesel / Niederrhein

Rheinland-Pfalz

- Bienwald westlich von Karlsruhe

Naturwaldreservate

Insgesamt gibt es in Deutschland (Stand 2020) 743 Naturwaldreservate, die sich auf alle Bundesländer verteilen. In Österreich bestehen (Stand 2018) etwa 200 Naturwaldreservate, in der Schweiz (Stand 2018) 1073.

Wer nähere Informationen über die Naturwaldreservate in seinem eigenen Bundesland möchte, kann sich an die entsprechende Koordinationsstelle der Naturwälder wenden.

Naturwaldreservate in Österreich
Bundesamt für Wald
www.naturwaldreservate.at

Naturwaldreservate in der Schweiz
Bundesamt für Umwelt BAFU
www.bafu.admin.ch

Naturwaldreservate in Deutschland
www.naturwaelder.de
(Liste der Naturwaldreservate nach Bundesländern geordnet, jeweils mit Ansprechpartner und Details)

Lebensraum Garten

Peter Wohlleben:
Bäume verstehen
ISBN: 978-3-89566-365-9

Werner David:
Fertig zum Einzug: Nisthilfen für Wildbienen
ISBN: 978-3-89566-358-1

Uwe Westphal:
Hecken – Lebensräume in Garten und Landschaft
ISBN: 978-3-89566-296-6

Werner David:
Von Fallenstellern und Liebesschwindlern
ISBN: 978-3-89566-267-6

Gesamtverzeichnis bei:
pala-verlag, Rheinstraße 35, 64283 Darmstadt, www.pala-verlag.de

ISBN: 978-3-89566-270-6

Rheinstraße 35, 64283 Darmstadt
www.pala-verlag.de
4. aktualisierte und bearbeitete Neuauflage 2020

Illustrationen und Umschlaggestaltung: Margret Schneevoigt
Lektorat: Angelika Eckstein

Druck und Bindung: Druckhaus Nomos, Sinzheim
www.nomos-druck.de
Printed in Germany

Gedruckt auf
100% Recyclingpapier